VW Käfer

Alessandro Sannia

VW Käfer

Motor
buch
Verlag

Die Originalausgabe ist 2007 unter dem Titel „Maggiolino – Beetle“ bei Edizioni Gribaudo slr, Savigliano erschienen.

ISBN 978-3-613-02926-2

1. Auflage 2008

Ein Unternehmen der Paul Pietsch-Verlage GmbH & Co.

Sie finden uns im Internet unter www.motorbuch-verlag.de

Text: Alessandro Sannia

Fotos: Die Abbildungen in diesem Band stammen hauptsächlich aus dem Archiv des Autors und aus dem Bildarchiv des VW-Konzerns.

Die teilweise geminderte Abbildungsqualität ist auf das Alter der Vorlagen zurückzuführen

Einbandgestaltung: Luis Dos Santos

Die Übertragung ins Deutsche besorgte Ted Lemberger

Lektorat: Joachim Kuch
Innengestaltung: Ipa, 71665 Vaihingen/Enz
Druck und Bindung: Grafiche Busti, Colognola ai Colli (VR)
Printed in Italy

Inhalt

Zukunftstraum Volkswagen

Der Grundgedanke, einen Volkswagen zu bauen, entstand bei einem Zusammentreffen zweier außergewöhnlicher Männer. Der eine war ein hervorragender Ingenieur, der vor dem Zweiten Weltkrieg bereits mit einigen bedeutenden Automobilherstellern zusammengearbeitet hatte. Er war der Gründer einer Sportwagen-Firma gleichen Namens, die noch heute berühmt und bekannt ist. Der andere war einer der wichtigsten Staatsmänner des 20. Jahrhunderts, ein machtbesessener Diktator, dessen Machtstreben zum Ausbruch des Zweiten Weltkrieges führen sollte. Der eine war Ferdinand Porsche, der andere Adolf Hitler.

Ferdinand Porsche wurde am 3. September 1875 im böhmischen Maffersdorf geboren und war österreich-ungarischer Abstammung. Mit 18 Jahren begann er in der Vereinigten Elektrizitäts-AG Béla Egger in Wien zu arbeiten. In diese Zeit fällt seine Erfindung des Radnabenelektromotors, die er 1896 zum Patent anmeldete. 1898 wechselte er zur k. u. k. Hofwagenfabrik Ludwig Lohner & Co. in Wien. Hier entwickelte Ferdinand Porsche 1899 das Lohner-Porsche-Elektromobil, dessen Präsentation im Jahr 1900 auf der Pariser Weltausstellung großen Anklang fand. Mit dieser Entwicklung war das erste Automobil mit Allrad- und Hybridantrieb entwickelt worden.

1906 ging Porsche als Entwicklungs- und Produktionsleiter zur Österreichischen Daimler Motoren KG Bierenz, Fischer & Co (Austro-Daimler) in Wiener Neustadt. Dort befasste er sich mit der Entwicklung von Personenwagen, Flugmotoren und Sportwagen.

Im Ersten Weltkrieg, als Direktor eines Rüstungsbetriebes unabkömmlich, konstruierte er den Landwehr-Train.

Dabei folgt Porsche einer Idee des k.k.-Obersten des Generalstabs Ottokar Landwehr von Pragenau. Es handelte sich dabei um einen Zug, der sowohl auf der Schiene als auch auf der Straße fahren konnte und das »mit gemischt benzin-elektrischem Antrieb«.

Diese Züge bestanden aus einem Generatorwagen und auf der Straße bis zu fünf, auf der Schiene bis zu zehn Anhängewagen mit jeweils 5 t Nutzlast. Für den Schienenbetrieb wurden auf die vollgummibereiften Straßenräder stählerne Scheiben mit Spurkränzen aufgeschraubt. Ein 100-PS-Benzinmotor im Generatorwagen war mit einem 70-kW-Dynamo direkt gekuppelt. Der lieferte die elektrische Energie über Kabel vom ersten bis zum letzten Wagen an E-Motoren, die jede zweite Achse antrieben.

Der Generatorwagen war also keine »Lokomotive« im herkömmlichen Sinne, sondern sozusagen ein Führerfahrzeug mit eingebauter Kraftzentrale. Der Vielachsantrieb gestattete es dabei, zwei Fliegen mit einer Klappe zu schlagen. Einerseits war der Betrieb mit geringen Achsdrücken von weniger als 5 t möglich, andererseits ergab sich eine bis dahin weder auf der Straße noch gar auf der Schiene je zuvor erreichte Steigfähigkeit.

Diese Eigenschaften waren von besonderer Bedeutung, weil der »Landwehr-Train« primär für militärische Transportzwecke konzipiert war. Er sollte auch auf unbefestigten Straßen und selbst auf provisorisch verlegten Feldbahngleisen schwerste

Der KdF Wagen

IIA 0426

0427

IIA 0426

P
Zell am See 39·2 km
Salzburg 127·4 km
Heiligenblut 14·4 km
Lienz 53·7 km
Kärntner Seen
HOCHTOR
PARKPLATZ
2503 m ü. d. M.

Lasten transportieren können, von Mörsern und Haubitzen bis zum Verpflegungsnachschub. Generaloberst von Pragenau hatte sogar penibel berechnet, welche Proviantmengen den jeweils 2 t Nutzlast der Einzelwagen für den Straßentransport entsprachen – z. B. 50 Säcke Hafer oder 47 Säcke Mehl, 66 Kisten Fleischkonserven oder 40 Säcke Feldzwieback, 48 Kisten »Frühstückskaffeekonserven« oder »Brot: 1400 Wecken à 1,4 kg = 1960 kg«.
1916 wurde er zum Generaldirektor von Austro-Daimler bestellt. Für seine Verdienste um Österreich wurde Porsche 1917 der Ehrendoktortitel der Technischen Hochschule Wien verliehen.
1923 verließ er Austro-Daimler, arbeitete dann bei Mercedes-Benz und beschloss schließlich im Jahr 1931, sich selbständig zu machen. Er gründete ein eigenes Konstruktionsbüro, die Dr. Ing. h. c. F. Porsche Gesellschaft mit beschränkter Haftung, Konstruktionen und Beratungen für Motoren und Fahrzeugbau, wo anfänglich keine Automobile produziert wurden.
Die Idee, ein billiges Fahrzeug zu bauen, das in den großen Stückzahlen verkauft werden könnte, hatte ihn schon immer fasziniert. Er hatte bereits in der Zeit nach dem Ersten Weltkrieg, finanziell unterstützt von Graf Sascha Kolowrat, damit begonnen, einige kleine Einliter-Autos zu produzieren, ohne damit jedoch auf dem damals noch jungen Automobilmarkt Fuß fassen zu können.
An dieser Stelle allerdings muss angemerkt werden, dass die Idee eines Volkswagens schon lange existierte, und beileibe nicht nur bei Porsche. Und auch das Heckmotor-Konzept war bereits bekannt. 1925 zum Beispiel hatte der spätere Vater der Sicherheitstechnik im Automobil Béla Barényi als Student ein entsprechendes Konzept ausgearbeitet. Hans-Gustav Röhr baute 1931 für die Firma Adler einen Prototypen namens »Maikäfer« mit Zentralrohrrahmen und Heckmotor. Daimler-Benz nahm diesen 1931/32 zur Vorlage des M-17-Entwurfs mit 25-PS-Heckmotor in Boxerbauweise. Der nachfolgende Entwurf von 1933/34 hatte dann die bucklige Karosserieform, die im Zuge der allgemeinen Stromlinien-Euphorie bei vielen Fabrikaten dann zu finden waren. DKW indes setzte auf einen wassergekühlten Zweizylinder-Zweitakter mit Frontantrieb, während die Lokomotivbaufabrik Hanomag 1932 einen Prototyp mit wassergekühltem Viertakt-Vierzylinder in Boxerbauweise und Heckanordnung auf die Räder stellte. Die Volksmotorisierung war also bei vielen Herstellern ein Thema, auch wenn die meisten Ideen allerdings nie über das Reißbrett-Stadium hinaus gediehen.
Der Volkwagen war die erste große Herausforderung, der sich Porsches neues Konstruktionsbüro stellte: Er schuf einen vollwertigen Viersitzer, der von einem Dreizylinder-Viertaktmotor in Sternbauweise mit Gebläsekühlung angetrieben werden sollte. Der Motor saß hinter den Rücksitzen.
Zündapp, ein wichtiger deutscher Motorrad-Hersteller, hatte seit 1926 über den Einstieg ins Automobilgeschäft nachgedacht und zeigte sich am »Volkswagen« interessiert
Im Laufe der Entwicklung stellte sich aber heraus, dass der Dreizylinder nichts taugte, Porsche entwickelte daraufhin einen Fünfzylinder-Sternmotor, der allerdings nicht ohne Wasserküh-

lung auskam, was zu viel Platz kostete. Drei Versuchswagen wurden gebaut, entstanden aus Blech und Holz. Die technischen Schwierigkeiten aber waren enorm, 1932 stieg Zündapp aus. Die Volkswagen-Idee war damit aber nicht gestorben.
1933 fand die Firma Porsche einen neuen Auftraggeber für ihr Volkswagen-Projekt, nämlich die Firma NSU, einen anderen Motorradhersteller. Im Gegensatz zum Zündapp-Projekt sollte jetzt kein Kleinwagen mehr entstehen, sondern ein Wagen in der 1,5-Liter-Klasse nach Vorbild des tschechischen Tatra 57 mit luftgekühltem Vierzylinder-Boxermotor. Dieser hatte allerdings den Motor im Bug und übertrug die Kraft per Kardanwelle an die hintere Pendelachse. Porsche verpflanzte den luftgekühlten Boxermotor ins Heck, der Tank befand sich über dem Motor. Der hier erstmals zu sehenden Plattformrahmen entstand nach Tatra-Vorbild, und die neuartige Drehstabfederung hatte Porsche ursprünglich für Wanderer entworfen. Insgesamt wurden drei Prototypen dieses Typ 32 gebaut, die Auftraggeber von NSU zeigten sich aber nicht überzeugt und stiegen aus.
Unterdessen hatte sich die Berühmtheit Porsches bis in die Sowjetunion herumgesprochen. Dort zeigte man an der Idee, einen »Volkswagen« zu bauen, großes Interesse. Porsche erhielt ein sehr großzügiges Angebot, das er jedoch ablehnte, weil vor allem seine politischen Ansichten weit entfernt waren von denen des Sozialismus unter Stalin.
Ähnliche Vorstellungen bezüglich einer Massenmotorisierung hatte inzwischen auch Adolf Hitler, der 1933 zum deutschen

Kanzler gewählt und zum »Führer« ausgerufen worden war. Im März 1934, bei seiner Eröffnungsrede auf der Berliner Automobil-Ausstellung, drängte er die deutschen Hersteller, ein Auto zu produzieren, das jeder kaufen konnte, und das im wahrsten Sinn des Wortes ein echter »Volks-Wagen« sein sollte.
Der Österreicher Hitler und der Österreicher Porsche trafen sich im Januar 1934 zu einem ausführlicheren Gespräch,. Ausschlaggebend dafür war die Empfehlung von Jakob Werlin, ein Mann, auf dessen Auto-Sachverstand Hitler setzte. Zu diesem Zeitpunkt hatte der Reichskanzler bereits feste Vorstellungen davon, was ein Volkswagen können sollte – und was er kosten durfte: 1000 Mark – für dieses Geld bekam man zu der Zeit gerade mal ein Mittelklasse-Motorrad, Hitlers vollmundige Rede vom März erscheint vor diesem Hintergrund besonders grotesk.
Nach Aufforderung durch die Regierung hatte Porsche noch im Januar 1934 sein »Exposé betreffend Bau eines Deutschen Volkswagens« eingereicht, ein Arbeitspapier, das die Umsetzung der hitlerschen Ideen zur Volksmotorisierung möglich zu machen schien.
Nur der RAD (Reichsverband der Deutschen Automobilindustrie) war skeptisch. Nach deren Erfahrungen war das Projekt so nicht umsetzbar, und für die erforderlichen Stückzahlen waren keine Kapazitäten vorhanden. Die Regierung aber war vom Projekt überzeugt, so dass sie eine Zusammenarbeit von Konstrukteur und Industrie erzwang. Im Juni 1934 verpflichtete sich Porsche dem RDA gegenüber zum Bau eines Prototypen, der intensiv erprobt werden sollte, und erst dann wollte die

Nach den Prototypen VW3 und VW30 präsentierte Ferdinand Porsche im Jahr 1938 Adolf Hitler den VW38, der fast schon dem endgültigen Vorserienmodell entsprach. Bei der Zeremonie war eine Limousine, eine Rolldach-Version und ein Cabriolet zu sehen, das dem Führer zu seinem fünfzigsten Geburtstag geschenkt wurde.

Industrie über eine Übernahme entscheiden. Der Außenseiter sah sich gezwungen, in seiner Privatgarage an seinem RDA-Prototyp zu arbeiten. Schließlich erklärte sich die Industrie bereits, den Bau von drei Motoren und drei Prototypen zu bezahlen, die im Februar 1936 dann in den Versuch gingen. Damit lag man rund ein halbes Jahr hinter dem von Hitler vorgegebenen Zeitrahmen.
Die Bedingungen, die Hitler diktiert hatte, waren selbst für Porsche nahezu unerfüllbar. Der Volkswagen sollte zwei Erwachsene und drei Kinder mit einer Geschwindigkeit von 100 km/h transportieren können, nicht mehr als 650 Kilogramm wiegen und ein Maximum von acht Litern Kraftstoff auf 100 Kilometer verbrauchen. Er durfte auch nicht mehr als 990 Reichsmark kosten.

Aus diesen wirtschaftlichen Überlegungen heraus dachte Porsche zuerst an einen Zwei- oder Vierzylinder-Zweitakt-Motor, stellte dann aber schnell fest, dass seine Leistung nicht ausreichen würde und entschied sich, einen luftgekühlten Vierzylinder-Boxer-Motor zu konstruieren. Die ersten drei Prototypen des Volkswagens sollten im Oktober 1935 produziert werden – sie wurden für Tests im Alltagseinsatz verwendet. Was die Karosserie anbelangte, so hatte Porsche noch keine konkreten Vorstellungen. Aus diesem Grund waren die ersten drei Autos noch völlig verschieden. Eines war eine Limousine mit einem hölzernen Plattformrahmen und Alu-Karosserie. Diese Kombination wurde im Automobilbau jener Zeit am häufigsten verwendet, was jedoch in der Produktion einen beträchtlichen Mehraufwand erforderte. Das zweite war ebenfalls eine

Limousine, aber komplett aus Stahlblech, was kompliziertere und teurere Anlagen für die Serienproduktion erfordern würde. Die dritte Variante war eine Variante mit Klappverdeck, ebenfalls in Gemischbauweise erstellt. Die Praxis-Tests auf der Straße, sie wurden von Ferry Porsche, Ferdinand Porsches Sohn durchgeführt, zeigten keinen Erfolg, denn die Prototypen waren sehr anfällig und versagten bereits nach kurzem Einsatz ihren Dienst.
Dies lag jedoch nicht an einem Konstruktionsfehler, sondern an der schlechten Verarbeitung des Materials. Diese Tatsache war Bestandteil des Lageberichtes, den der RDA dem Führer vorlegte. Die Prototypen wurden repariert und die Tests mit teilweise ermutigenden Ergebnissen fortgesetzt.
Dem Volkswagen-Projekt indes rannte die Zeit davon. Der RDA, der die Erprobung der drei Prototypen begleitete, hatte bei aller Kritik auch viel Positives gefunden. Die Verbesserungsvorschläge führten zum Bau einer zweiten Serie von Prototypen, dem VW 30, die Stahlblechkarosserien dafür lieferte Daimler-Benz. Zu diesem Zeitpunkt war allerdings der Kostenrahmen längst schon überschritten, das Volkswagenprojekt hatte bis jetzt fast das Zehnfache der ursprünglich veranschlagten 200 000 Mark verschlungen. Und noch immer war man von Hitlers 1000-Mark-Vorgabe weit entfernt. Auf der Berliner Automobilausstellung 1937 kündigte der Führer dennoch die baldige Serienreife des Volkswagens an.
Zum Bruch mit dem RDA kam es auf eben jener Ausstellung. Die Firma Opel, die 1929 von der amerikanischen Firma General Motors übernommen worden war und folglich mit Auslandskapital arbeitete, senkte den Preis für sein Volumenmodell, den Einliter-P4 auf 1450 Mark und plante ein weitere Reduzierung auf 1240 Mark – »unser Volkswagen«, sagte Wilhelm von Opel beim Messerundgang zu Hitler, der daraufhin sich vor Zorn abwandte.
Er versuchte ihn noch einmal von seiner Idee zu überzeugen, dass durch ein extrem preiswertes Auto der Absatz an teuren Autos nicht beeinträchtigen würde, da der Volkswagen eine ganz andere Käuferschicht ansprechen sollte. Als das nicht fruchtete, beschloss er, ganz anders zu agieren – der Staat sollte für die Kosten der Firma Porsche aufkommen. Weitere Mitarbeiter wurden unter Vertrag genommen und die Lage schien sich zu entspannen. Daimler-Benz (die aus der Fusion von Austro-Daimler und Mercedes-Benz hervorgegangen war), wurde beauftragt, eine zweite Serie von 30 Prototypen zu bauen, die Kosten dafür wollte Hitler aus eigener Tasche zahlen.
Unterdessen war die Grundlage für die Durchführung des ehrgeizigen Projekts geschaffen, die zur Massenproduktion des Volkswagen führen sollte. Hitler entschied, dass eine neue Stadt aus dem Boden gestampft werden sollte, in der 30.000 Arbeiter und ihre Familien leben konnten. Nach einer ersten Untersuchung durch die DAF (Deutsche Arbeitsfront) wurde ein Gebiet in der Nähe von Fallersleben in Niedersachsen dazu ausgewählt. Es war ein flaches Gelände in der Nähe des Mittellandkanals, das zwar städtebaulich wenig entwickelt war, aber über ein gutes Straßen- und Gleisnetz verfügte.
Die Arbeiten begannen am 26. Mai 1938 mit dem Bau von

zwei riesigen Fabrikgebäuden, jedes ungefähr zwei Kilometer lang. Italienische Bauarbeiter wurden angeheuert und kamen nach Deutschland: Durch Hitlers Kampf gegen die Arbeitslosigkeit (und die dadurch verbundene Aufrüstung) gab es ganz einfach nicht genügend Arbeitskräfte vor Ort. Sein Verbündeter Mussolini griff ihm deshalb unter die Arme und schickte 3800 italienische Maurer.
Die Prototypen VW30 hatten unterdessen Tausende von Testkilometern hinter sich – man sprach von fast zweieinhalb Millionen gefahrenen Kilometern. Nie zuvor war ein neues Auto einer solch harten Testphase unterzogen worden.
Schließlich war das Projekt dann doch reif für eine Serienproduktion. Allerdings gab es noch einige kleine Meinungsverschiedenheiten über die endgültige Form der Karosserie. Erwin Komenda, Porsches Chefkonstrukteur, hatte den unglaublichen Luftwiderstandsbeiwert von 0,36 im Windkanal der Technischen Hochschule in Stuttgart gemessen, aber er war trotzdem nicht glücklich mit der Form des Wagens. Es wurde folglich entschieden, diese radikal zu verändern, ohne den Aufbau grundsätzlich zu kippen.
Der daraus resultierende VW38 war der erste der dritten Generation von Prototypen, der das charakteristische Aussehen hatte, das der Käfer in den nachfolgenden sechzig Jahren behalten sollte.
Die ersten drei Autos wurden Hitler bei der Grundsteinlegung auf dem Bauplatz der Arbeiterstadt präsentiert. Es gab zwei Versionen von Limousinen, die in Serienproduktion gehen sollten, ein geschlossenes Modell und ein offenes Modell mit Stoff-Faltdach. Ferner gab es ein Cabriolet, das Hitler geschenkt wurde, mit dem er häufig an seinem Feriensitz in den bayerischen Alpen gefahren ist.
Der einzige Haken bei dieser Sache war, dass der »Volks-Wagen« noch immer keinen Namen hatte. Also taufte ihn Hitler höchst persönlich auf den Namen »KdF-Wagen«, abgeleitet von »Kraft durch Freude«, der staatlich kontrollierten Freizeitorganisation, die auch mit dem Vertrieb der Fahrzeuge beauftragt werden sollte.
Porsche selbst fand den Name schrecklich, weil seine Bedeutung klar im national-sozialistischem Deutschland zugeordnet war und nicht über die Grenzen hinaus verwendet werden konnte. Es gelang ihm nicht, Hitler zu überreden, die Namensgebung zu ändern. Glücklicherweise bezeichnete man im Volksmund das Fahrzeug bereits als »Volkswagen«, als Synonym für dieses spezielle Auto, das bald darauf den liebevollen Spitznamen »Käfer« – abgeleitet von der Form des Marienkäfers – erhielt.
Der KdF-Wagen wurde 1939 auf der Berliner Automobil-Ausstellung der Öffentlichkeit vorgestellt und wurde mit seinem unübersehbaren besonderen Stil, der sich von allen anderen Konkurrenten unterschied, begeistert aufgenommen. Er hatte einen einfachen Aufbau, ein kompaktes Fahrgestell mit Einzelradaufhängung sowie einen luftgekühlten Vierzylinder-Boxer-Heckmotor mit 985 ccm. Um eine Überhitzung zu verhindern, war er mit einem Ölkühler ausgestattet worden, so dass er problemlos auf langen Strecken mit 100 km/h Durchschnittsgeschwindigkeit gefahren werden konnte.

Die endgültige Karosserieform war attraktiv und ausgewogen und hatte vor allem einen für jene Zeit hervorragenden Luftwiderstandswert. Damit das Auto für die Massen produziert und geliefert werden konnte, reichte eine strenge Produktionsplanung allein nicht aus – zusätzlich musste eine kluge Verkaufsstrategie entwickelt werden.
Hitler hatte auf einen Verkaufspreis von unter 1000 Reichsmark bestanden. Der KdF-Wagen kam tatsächlich für 990 Reichsmark auf den Markt, was an sich keine allzu große Summe war, aber dennoch außerhalb der Reichweite des Durchschnittsarbeiters lag. Deshalb wurde bei Markteinführung parallel ein Finanzierungsplan für den Durchschnittsverdiener präsentiert. Dieser sah vor, dass man jede Woche einen Fünf-Mark-Coupon erwerben konnte, der auf einer Karte einzukleben war. Nach knapp vier Jahren würde dann der Sparer damit zum stolzen Besitzer eines nagelneuen KdF-Wagen werden. Wer die Cabrio-Version haben wollte, musste zusätzlich noch Coupons für weitere 60 Reichsmark ansammeln. 300.000 Bestellungen wurden in kürzester Zeit getätigt, aber kein KdF-Sparer konnte ein neues Auto in Empfang nehmen.
Am 1. September 1939 marschierte Hitler in Polen ein und löste damit den Zweiten Weltkrieg aus. Das KdF-Werk war nicht noch komplett fertiggestellt und so konnte lediglich 200 Vorserien-Modelle produzieren. Zudem zielten nun alle Pläne auf einen möglichen Militäreinsatz des Autos, was offensichtlich Vorrang vor der Produktion des Typ 51 für die Zivilbevölkerung hatte. Das Resultat war der Typ 82 »Kübelwagen«, ein eckiger Viersitzer mit einer schlichten Karosserie und gewellter Blechverkleidung, der von Ambi-Budd von Berlin produziert wurde.
Die militärischen Anforderungen sahen jedoch vor, dass Fahrzeuge mindestens 25 PS haben mussten. Der KdF-Wagen hatte jedoch lediglich 24 PS. Porsche war sich darüber im klaren, dass die Autos unter den schwierigen Bedingungen, die die Teilnahme am Kriegsgeschehen mit sich brachten, andere Voraussetzungen haben mussten als ein Privatauto.Er wollte kein Risiko eingehen und vergrößerte deshalb den Hubraum des Motors auf 1131 ccm. Sämtliche mechanischen Teile wurden ebenfalls verstärkt, die Bodenfreiheit erhöht und ein Sperr-Differential von ZF eingebaut.
Dadurch bewährte sich der Typ 82 – obwohl er keinen Vierradantrieb hatte – auch in schwierigem Gelände außerordentlich gut. Durch den luftgekühlten Motor war ebenfalls sichergestellt, dass er auch bei extremen klimatischen Bedingungen – in der Wüste oder im Eis – gut einsetzbar war. Feldmarschall Rommel erklärte stolz, dass sein Kübelwagen, so wurde der Wagen beim Militär genannt, alles tun könne, was ein Kamel auch schaffe.
Die Produktion von Militärfahrzeugen brachte bald die Produktion von Zivilfahrzeugen vollständig zum Erliegen. Obwohl das Werk theoretisch eine Produktionskapazität von 100.000 Fahrzeugen pro Jahr hatte, verließen nur noch wenige hundert Zivilfahrzeuge das Werk. Dafür gab es zwischenzeitlich immer mehr Militärfahrzeuge. Zum normalen Kübelwagen Typ 82 kam der Dreisitzer 821, der mit einer Funkstation ausgerüstet werden konnte, der Typ 822 mit einer starken

Siemens Flugabwehr-Sirene, der Typ 823 (Panzerattrappe), der Pick-up Typ 825, der Van Typ 826, der Typ 82E und der Typ 827 Kommandowagen, der zwar die normale Käfer-Karosserie hatte, aber das Fahrgestell der Militärfahrzeuge. Ferner gab es den Typ 828 mit einer Holzkarosserie, den Typ 86 mit Vierrad-Antrieb, den Typ 87 mit Vierrad-Antrieb und Käferkarosserie sowie andere Sonderanfertigungen wie das Halbkettenfahrzeug Typ 155, das Zweiwege-Fahrzeug Typ 157, das auch auf Eisenbahnschienen fahren konnte und schließlich den Typ 239, der für den Fall von Benzinmangel mit einem Gas-Generator und Holzverbrennung ausgestattet war.

1942 kam der Typ 166, der den Beinamen »Schwimmwagen« bekommen hatte. Das Fahrzeug hatte Vierradantrieb und eine ungewöhnliche Amphibienkarosserie, die es ermöglichte, mit einer Geschwindigkeit von 10 km/h im Wasser zu fahren. Das Auto bewegte sich mit Hilfe eines Propellers vorwärts, der mit der Getriebewelle verbunden war, während die Vorderräder für die Lenkung benutzt wurden.

Die Auswirkungen der Angriffe der Alliierten waren nun auch im Werk spürbar. 1943 wurde es zum ersten Mal bombardiert, aber die größten Schäden entstanden im April 1944. Bei einem Überraschungsangriff ließen die Amerikaner mehrere hundert Tonnen Bomben auf KdF-Stadt fallen und zerstörten mehr als die Hälfte der Fabrikanlage.

Der Angriff erfolgte wohl nicht auf Grund der Fahrzeugproduktion, sondern eher deshalb, weil in dem Werk auch Teile für die berühmt-berüchtigte V1 produziert wurden.

Ferdinand Porsche versuchte, Heinrich Himmler davon zu überzeugen, die Produktion zum Jahresende zu verlegen. Die Lage verschlechterte sich von Tag zu Tag. Die Produktionsanlagen wurden in die Ställe der nahe gelegenen Bauernhöfe versteckt, um einer Bombardierung zu entgehen, während die Fließbänder in den Bunkern irgendwie weiter liefen. 1945 wurde es noch schlimmer. Berlin war praktisch von den russischen Truppen eingekreist. Damit war die Lieferung der Karosserien für den Kübelwagen von der Firma Ambi-Budd ebenso unmöglich geworden wie die Versorgung mit anderen Bauteilen.

Porsche entschied dann, die wichtigsten Produktionsanlagen in ein Bergwerk an der Grenze zu Belgien und Luxemburg zu verlegen. Als die ersten Lkw jedoch dort ankamen, war das Gebiet bereits von den amerikanischen Truppen besetzt.

Anfang April waren die Telefonleitungen unterbrochen und niemand in KdK-Stadt wusste genau, was los war. Man wollte aber verhindern, dass die Fabrik samt Produktionsanlagen in die Hände der Alliierten fiel.

Deshalb bauten die Mitarbeiter die Maschinen ab, die zur Produktion der Fahrzeuge unbedingt notwendig waren und versteckten sie. Am 10. April standen die Amerikaner vor Fallersleben, etwa sieben Kilometer westlich der KdF-Stadt, die Russen standen einen Kilometer entfernt in östlicher Richtung. Keiner von beiden wusste genau, was sich dazwischen verbarg, da die Stadt 1938 aus dem Boden gestampft worden und noch auf kaum einer Landkarte verzeichnet war.

Bei einem Überraschungsangriff ließen die Amerikaner mehrere hundert Tonnen Bomben auf KdF-Stadt fallen und zerstörten mehr als die Hälfte der Fabrikanlage.

Die ersten, die die Geschehnisse bemerkten, waren die Kriegsgefangenen, die als Zwangsarbeiter in der Fabrik gearbeitetet hatten. Sie nutzten die Situation und rebellierten gegen die deutschen Aufpasser denen ihr persönliches Schicksal natürlich näher lag als die Arbeit und sich in Sicherheit brachten. Die ehemaligen Gefangenen verwüsteten die Fabrik, gingen auf die Straße und betranken sich.
Die Lage schien völlig außer Kontrolle zu geraten, und die Russen rückten immer näher. Deshalb beschlossen die verbliebenen Offiziere der Wehrmacht, die Amerikaner um Hilfe zu bitten. Sie ergaben sich lieber ihnen als in die Hände der Roten Armee zu fallen.
Der katholische Priester Antonius Holling und Chefinspektor Rudolf Brörmann, der in Detroit gearbeitet hatte und der englischen Sprache mächtig war, fuhren in einem Militär-Krankenwagen zum Oberkommando der Alliierten. Sie erklärten den ungläubigen Offizieren, dass einige Kilometer entfernt eine Stadt und eine große Fabrik seien und sie sofort eingreifen müssten.
Am Morgen des 12. April fuhren die ersten US-Panzer in KdF-Stadt ein. Soldaten brachten die rebellierenden Kriegsgefangenen wieder in die Gefängnisse zurück. Die Grenze zwischen der amerikanischen und russischen Zone lag im Osten der Stadt. Das Schicksal der Fabrik hing an dieser dünnen roten Grenzlinie: das Elektrizitätskraftwerk war wie durch ein Wunder einer Bombardierung entgangen.
In letzter Minute entschied der deutsche Truppekommandant klugerweise, das Kraftwerk nicht abzustellen. Damit wäre nämlich ganz Niedersachsen ohne Strom gewesen, was die Lage der Zivilbevölkerung weiter verschlechtert hätte. Dies ermöglichte den Amerikanern, eine provisorische Werkstatt für die Wartung und Reparatur ihrer Fahrzeuge einzurichten. Dies war der erste kleine Schritt in Richtung Wiedergeburt der Autofirma Volkswagen.

Die ersten 1941 im Volkswagenwerk hergestellten KdF-Wagen.

Verschrottung von Wagen aus der W30-Serie im Oktober 1942.

Die Serien-
produktion

Am 8. Mai 1945 gab Admiral Karl Dönitz, der von Adolf Hitler in seinem Testament, das er kurz vor seinem Selbstmord verfasste, zu seinem Nachfolger ernannt worden war, den Verbündeten die Kapitulation Deutschlands bekannt. Damit war der Zweite Weltkrieg in Europa offiziell beendet.
Am gleichen Tag wurden bei den Siegermächten Gespräche geführt, um die Besatzungszonen festzulegen. Das Gebiet um Fallersleben fiel den Briten zu. Oberst Mackay besichtigte die Fabrik und stellte zu seiner großen Überraschung fest, dass die Arbeiter noch in der Lage waren, Autos zu montieren. Er wusste, dass das Rote Kreuz verzweifelt nach Fahrzeugen für den Transport von Verletzten suchte und erteilte sofort den Auftrag, die Produktion mit den in den Lagern verbliebenen Montageteilen aufzunehmen. Zum Interimsdirektor des Werkes wurde Brömann ernannt.
Um alle möglichen Spuren des Nazi-Regimes zu tilgen, wurde die Stadt als erstes nach dem nahe gelegenen Schloss, das Graf Schulenburg gehörte, in »Wolfsburg« umbenannt.
Zwischenzeitlich war eine internationale Kommission gebildet worden, die über das Schicksal der deutschen Industrieanlagen entscheiden sollte. Die Fabriken, in denen Kriegswaffen produziert wurden, sollten zerstört werden – das Volkswagen-Werk stand ganz oben auf der Liste. Dann stellte man jedoch glücklicherweise fest, dass es damals ursprünglich für nicht-militärische Erzeugnisse gebaut worden war und erhielt es für die Kriegsreparationen. Briten und Franzosen waren aber an der Lieferung großer Kontingente nicht interessiert, sie stießen nämlich schnell auf den Widerstand ihrer heimischen Automobilindustrie.
Porsche wurde gemeinsam mit seinem Sohn Ferry und General Anton Piëch von den Franzosen festgenommen und zu 20 Monaten Gefängnis wegen Kriegsverbrechen verurteilt.
Er kam erst 1951 wieder zurück nach Deutschland. Als er dort überall auf den Straßen Volkswagen fahren sah, brach er in Tränen aus.
Auch die Australier zeigten Interesse an der Produktion des Autos, verwarfen aber schlussendlich diese Idee. Die Sowjets dagegen wollten den Grenzverlauf ändern, um Wolfsburg in ihre Zone zu holen, was aber von den anderen Siegermächten rigoros abgelehnt wurde.
Schließlich waren alle Beteiligten davon überzeugt, dass es auf Grund des Elektrizitätswerks das Beste sei, das Werk wieder zu aktivieren. Durch diese Entscheidung fanden viele Menschen aus der Gegend wieder Arbeit und konnten ein relativ normales Leben führen.
Das Volkswagen-Werk erhielt sofort den Auftrag, 20.000 Autos für die Besatzungsmächte, das Rote Kreuz und die Post zu produzieren – ein Darlehen über 20 Millionen Mark unterstützte dabei den Produktionsstart.
Im August 1945 kam der britische Armee-Offizier Major Ivan Hirst als neuer Leiter nach Wolfsburg. In kurzer Zeit

10.000
Speiseplan!
mit
Sauce
Denkste

The 1000 VOLKSWAGEN
built during MARCH 1946 coming from Assembly Line

wurden die Hallen vom Schutt befreit, alle Maschinen, die für Produktion von Waffen benutzt worden waren, wurden zerstört und mit dem Wiederaufbau begonnen. Der Winter rückte immer näher und die Bevölkerung war erschöpft. Er ordnete deshalb an, dass zur Versorgung der Bevölkerung Rüben angepflanzt werden sollten, es war das einzige Gemüse, das in dieser Jahreszeit wachsen kann.

Ambi-Budd, das Karosseriewerk des KdF-Wagens, lag in der russischen Zone, und so gab es keine Karosserien des Typs 82 mehr, aber die damals angeschafften, aber noch nicht in Betrieb genommenen Fertigungsanlagen waren noch da, praktisch nagelneu und voll funktionsfähig, um die Karosserien für den zivilen Käfer herzustellen. Die Arbeiter halfen, die Maschinen wieder zu finden, die vor Kriegsende abgebaut und versteckt worden waren. So konnte Hirst die Fabrik wieder zum Leben erwecken und die Produktion zum Laufen bringen. Zwischenzeitlich war Hermann Münch zum Generaldirektor ernannt worden, aber Hirst hatte noch immer die volle Kontrolle über das Werk.

Obwohl es keine leichte Aufgabe war, verließen dennoch bis Ende des Jahres die ersten Limousinen Typ 11 und einige Typ 51 auf dem Chassis des Kübelwagens das Werk in Wolfsburg.

Hirst half auch, das Firmenlogo zu überarbeiten; er ersetzte das Hakenkreuz und das Zahnradsymbol der KdF durch die übereinander stehenden Buchstaben V und W. Von dann an hieß die Firma Volkswagen, so wie es Porsche von Anfang an gewollt hatte.

Nach einer schwierigen Nachkriegsphase aufgrund von Rohstoffknappheit konnte Volkswagen die Produktion schnell wieder ankurbeln und im Jahr 1950 bereits wieder 100.000 Autos auf den Markt bringen.

381-406

100.000
100.000

Rechts: Skizze des Volkswagen Typ 11, des ersten Käfers.

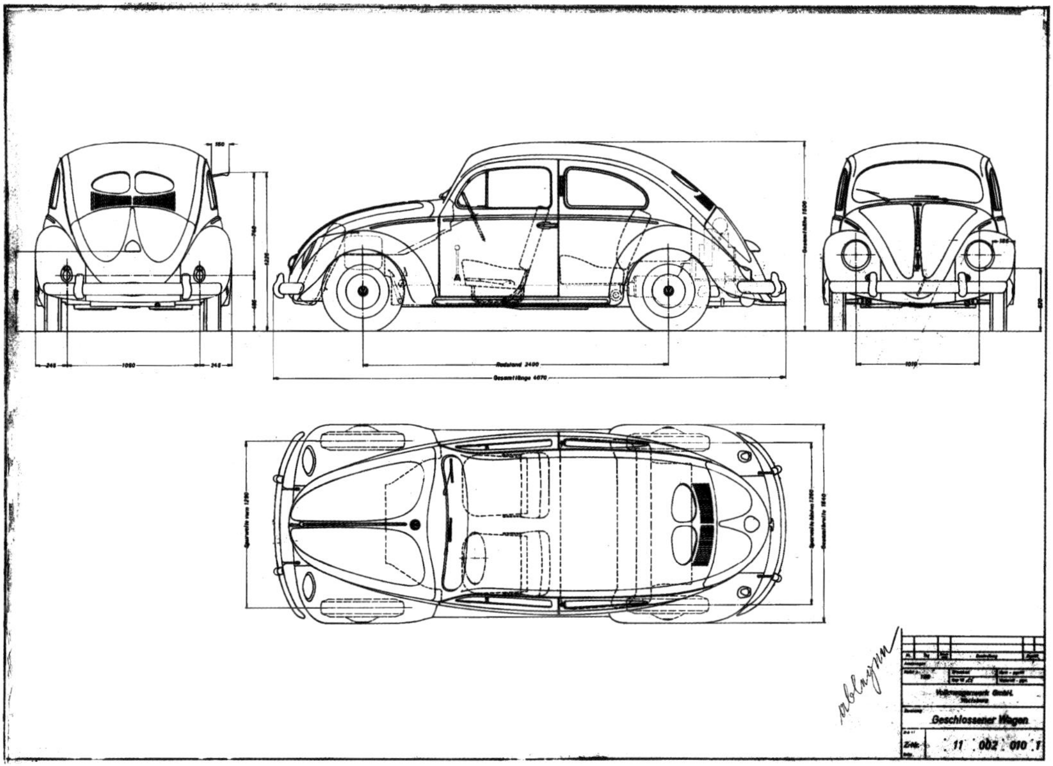

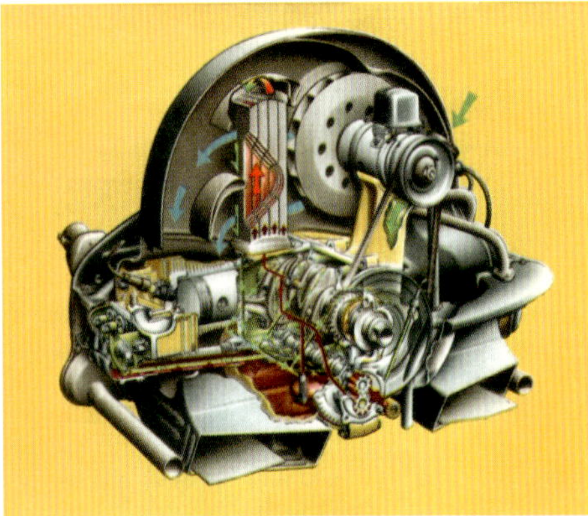

Der Volkswagen hatte einen luftgekühlten 985 ccm Vierzylinder-Boxer-Motor, dessen Hubraum dann auf 1.131 ccm erhöht wurde. Das Fahrgestell war ein einfach konstruierter Plattformrahmen mit Verbundlenkerachse, vorn mit Einzelradaufhängung an allen vier Rädern. Radaufhängung vorn: Kurbellängslenker und quer liegende Drehstabfedern. Radaufhängung hinten: Zweigelenk-Pendelachse.

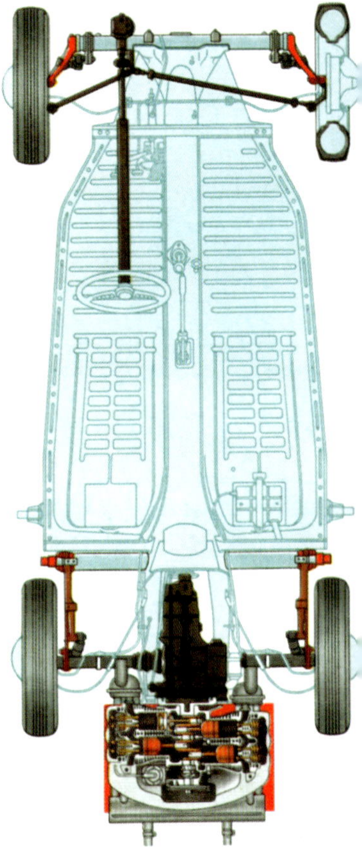

Für den ersten Volkswagen gab es zwei unterschiedliche Karosserieversionen: eine geschlossene Limousine und Limousine mit Stoffschiebedach.
Die Prospektdarstellung der 1950er Jahre hatte mit der Wirklichkeit indes nur wenig zu tun.

VOLKSWAGEN
Cabriolet

VOLKSWAGEN
Cabriolet
2 Sitzer

Zur gleichen Zeit kam auch Oberst Radclyffe nach Wolfsburg. Er war Mitglied der Industrieüberwachungskommission und sein Einfluss sollte bei der Materialbeschaffung hilfreich sein. Im März 1946 lief der eintausendste Käfer vom Band.
Mittlerweile war es notwendig geworden, ein Händler- und Servicenetz aufzubauen, da die KdF-Organisation, die bisher dafür zuständig gewesen wäre, nicht mehr bestand. Die neu gewonnenen Werkstätten avancierten bald zu Vertragshändlern, und in Wolfsburg wurde ein Bildungszentrum für Automechaniker eröffnet.
1947 gingen die Aufträge kontinuierlich zurück und Münch befasste sich mit dem Gedanken, Fahrzeuge ins Ausland zu exportieren. Eine Exportversion, versehen mit mehr Chrom und einer besseren Innenausstattung, wurde vorbereitet. Im Oktober gingen fünf Autos an den holländischen Importeur Ben Pon. Dies war das erste Exportgeschäft von Volkswagen. Bald darauf folgten Exporte in die Schweiz, nach Belgien, Luxemburg, Dänemark und Norwegen.
Hirst war nicht sehr glücklich mit dem Management von Münch, der zwar ein guter Verwaltungsfachmann war, aber keine Erfahrung auf dem Automobilsektor hatte. Aus diesem Grund bat er Radclyffe, ihn durch Heinz Nordhoff zu ersetzen. Nordhoff hatte eine glänzende Vergangenheit bei Opel hinter sich. Er war auf Grund seines geschickten Managements der Opel-Lkw-Fabrik in Brandenburg auch Wehrwirtschaftsführer, und das, obwohl er nie mit dem Nazi-Regime sympathisiert hatte. Doch wegen dieses Titels war Nordhoff nun arbeitslos, konnte aber auch nicht ohne weiteres bei VW anfangen. Sobald dieses politische Hindernis überwunden worden war, wurde Nordhoff die Leitung der Firma übertragen. Ohne die Organisation der Firma zu ändern, arbeitete er einen Plan aus, um die Produktionszeiten zu verringern und die Rentabilität zu erhöhen. Er ersetzte den 985 ccm-Motor durch den leistungsfähigeren 1131 ccm-Motor, der Anfang des Krieges für die Wehrmacht entwickelt worden war. Es gelang ihm jedoch nicht, ein Allrad-Auto durchzusetzen, da die Industriekontrollkommission das als Militärfahrzeug angesehen hatte und alle zur Produktion notwendigen Maschinen zerstört worden waren.
Nordhoff wusste, dass eine größere Modellpalette der Schlüssel zum Erfolg sein würde und veranlasste – neben dem Exportmodell – die Entwicklung eines attraktiven Cabriolets und eines Nutzfahrzeuges.
Beim Cabrio arbeitete er mit dem Karosseriebauer Hebmüller zusammen, der im Juli mit dem Bau des kleinen Zweisitzers Typ 14A begann. Im August fiel die Firma einem verhängnisvollen Brand zum Opfer und Hebmüller musste aussteigen. Daraufhin wurde der Karosseriebauer Karmann unter Vertrag genommen, der während der gesamten Produktionszeit des Käfers die Cabrio-Versionen produzierte. Das erste Fahrzeug war der Viersitzer Typ 15A im Jahr 1949.

Apotheke
Apotheke
HO
W23-3424

SAVOY

Die ersten Käfer – aufgrund der Form des Rückfensters erhielten sie den Spitznamen Brezelkäfer – wurden bis 1953 gebaut und sind heute als Sammler-Objekte besonders gesucht.

0
20
40
60
80
100
120

Im Laufe der Jahre erfuhr der Käfer eine Vielzahl von Änderungen, die jedoch nie das Gesamtbild veränderten oder die technische Konzeption antasteten.

Der millionste Käfer wurde 1955 gebaut. Aus diesem Grund erhielt er eine spezielle Gold-Lackierung.

BN 387-317

BN 381-352

Sonnendach

Da der Motor hinten eingebaut war, musste das Gepäck vorn unter der Abdeckhaube oder hinter den Sitzen verstaut werden. Dennoch verfügte der Käfer über ein Platzangebot, das auch einer vierköpfigen Familie eine längere Urlaubsfahrt gestattet.

BS-HY 232

BN 383-368

Der Transporter war eine Idee, die von Ben Pon kam, der bei einem Besuch in Wolfsburg einen »Plattenwagen« gesehen hatte. Dies war ein Transporter auf Käferchassis, mit dem Material in den Werkshallen hin und her transportiert wurde. Er sah die Marktlücke für einen geräumigen Transporter mit guter Gewichtsverteilung. Das war der Anfang des Volkswagen Typ 2 Transporter, der im vierten Kapitel näher beschrieben wird.

Das Konzept Nordhoffs ging bald auf. Im März 1950 lief bei Volkswagen der 100.000. Käfer vom Band und die Produktion erhöhte sich in den folgenden zehn Jahren drastisch – 1955 waren es eine Million, bereits zehn Jahre später, im Jahr 1965, zehn Millionen. Der Schlüssel zu diesem Erfolg lag in der Ausgangsqualität des Produktes. Nordhoff war sich völlig im klaren darüber, dass er hier ein Produkt mit großem Potential hatte und konzentrierte sich ausschließlich auf solche Verbesserungen, die dem Verbraucher tatsächlichen Nutzen brachten. Er verschwendete kein Geld dafür, das Urkonzept des Designs zu verändern. Dieses war der Grund, weshalb der Käfer mehr als sechzig Jahre im wesentlichen, trotz andauernder Detailverbesserungen, unverändert blieb.

Den Volkswagen, der zwischen 1953 und 1957 gebaut worden war, erkannte man an dem ovalen Rückfenster, das ziemlich klein war. Im Bild der Export-Käfer, erkennbar an den Stoßfängern.

Der Standard-Käfer Typ 11 lief bis in die Mitte der 1950er Jahre mit nur wenigen wesentlichen Änderungen: 15 Zoll- anstelle der 16 Zoll-Räder im Jahr 1952, ein einzelnes ovales Rückfenster im Jahr 1953, neue Stoßdämpfer im Jahr 1955.
Die erste größere Veränderung an der Karosserie wurde 1957 durchgeführt. Dabei wurde das Problem der mangelnden Sicht, besonders nach hinten, behoben. Als der Käfer entworfen wurde, war das Verkehrsaufkommen noch sehr gering und die Autohersteller mussten sich keine besonderen Gedanken über die Größe eines Rückfensters machen; die ersten Volkswagen Prototypen hatten sogar Lüftungsschlitze fast bis zum Dach. Komenda hatte zusätzlich zwei kleine Fenster zugefügt, um das Aussehen des Autos zu verbessern. In den fünfziger Jahren änderte sich die Verkehrssituation wesentlich und eine gute Sicht nach hinten war jetzt absolut notwendig. Das rechteckige Rückfenster wurde nach den Werksferien 1957 eingeführt. Es war viel größer als das vorhergehende. Bei der Gelegenheit wurde auch die Windschutzscheibe vergrößert. Mit weiteren kleinen Detailverbesserungen liefen die Standard- und Export-Käfer bis zum Sommer 1965, nachdem der Standard im November davor auf den Namen »Volkswagen 1200A« getauft worden war.
Im August erschien der Nachfolger des bisherigen Export-Modells, dessen Bezeichnung nun »VW 1300« lautete. Dieser hatte einen Motor mit 1285 ccm und eine Leistung von 40 PS bei 4000 U/min, während die Leistung des 1200er auf 34 PS erhöht worden war.
Im darauf folgenden Jahr kam der Käfer 1500 mit 44 PS und dem 1493 ccm-Motor des Typ 3. Äußerlich war er an der Motorhaube zu erkennen, die geändert worden war, damit der größere Motor untergebracht werden konnte. Zudem war er an der Vorderachse mit Scheibenbremsen ausgestattet worden. Die Aufhängung war durch einen Stabilisator verbessert worden.
1967 gab es noch eine ganze Reihe kleiner Detailverbesserungen, die das Erscheinungsbild des Käfers änderten. Er erhielt vertikale Frontscheinwerfer, vergrößerte Rückleuchten und robuste Stoßstangen – diese hatten den Spitznamen »Eisenbahnschienen«.
Das Jahr 1971 brachte größere Neuerungen. Neben einer 1500 ccm-Version mit halbautomatischem Getriebe gab es auch einen »Superkäfer«, der von Volkswagen als 1302 bezeichnet wurde. Die Änderungen waren die einschneidensten, die seit dem Produktionsstart je gemacht worden waren. Sie waren so einschneidend – ein völlig neuartiges Auto war entstanden –, dass der Neuling parallel zum 1200er produziert wurde und ihn nicht ersetzte.
Es war mit einer McPherson Federbein-Frontaufhängung ausgestattet, hatte einen besseren Wendekreis und einen neuen 44 PS-Motor. Der 1302er hatte eine längere Schnauze und dadurch ein größeres Kofferraumvolumen. Der Superkäfer wurde in zwei Versionen angeboten, als

Werke

383-359

Heckmeck.

Wir sehen immer wieder Volkswagen, die mit geöffnetem Heck herumfahren.
Die Fahrer scheinen zu glauben, wenn es ihnen im Sommer zu heiß wird, wird es ihrem Motor auch zu heiß.
Dem VW-Motor kann es weder zu heiß noch zu kalt werden. Die Luft, mit der er gekühlt wird, kocht weder über noch friert sie ein.
Auch ist immer genug davon da. Und unser Motor ist so konstruiert, daß er immer genug davon ansaugt. (Ohne daß man nachhelfen müßte.)
Wie überhaupt alles am VW so konstruiert ist, daß Sie nichts daran zu verändern brauchen.
Weder am Motor.
Noch an der Drehstabfederung.
Weder an den großen Rädern und Bremsen.
Noch sonstwo.
Wenn Sie also einen Volkswagen haben, können Sie auf den Heckmeck verzichten.
Lassen Sie ihn so wie er ist.

Volkswagen gibt es ab DM 4.200,-

Es gibt Formen, die man nicht verbessern kann.

Was sollten wir an der Form des VW verbessern?
Sie hat Sinn und Zweck. Sie verkörpert eine Idee.
Eine?
Eine ganze Sammlung von Ideen.
Die abgerundete Vorderhaube gibt gute Sicht bis kurz vor den Wagen.
Die Kotflügel kann man einzeln auswechseln. Ohne den halben Wagen erneuern zu müssen. (Ein Kotflügel vorn kostet DM 43.25. Grundiert.)
Das Heck ist aerodynamisch.
Der Boden ist vollkommen dicht.
Alles ist glatt und rund an diesem Wagen. Alles Stromlinie.
Warum also ist die VW-Form so zeitlos?
Weil sie vernünftig ist. Und praktisch. Und so verblüffend einfach. Wie das Ei des Kolumbus.
Wir ändern diese Form nicht um des Änderns w
Wenn wir aber einen Grund haben, den VW
innen heraus zu verbessern, dann tun wir das
heute haben wir 2064 Gründe gefunden.

So haben wir d
verbessert. Von i
heraus. Ohne e
zerbrechen.

Niemand ist vollkommen.

In den letzten 18 Jahren haben wir ziemlich ut gelernt, wie man einen guten Wagen baut.

Heute hat dieser Wagen den Ruf, ein voll-ommener Wagen zu sein.

Und wir haben 7308 Inspekteure, die auf-assen, daß sein Ruf keine Schramme bekommt.

Diese harten Männer bezahlen wir dafür, aß sie Dinge finden, zu denen sie nein sagen.

Nein heißt Nein.

Sie stoppen jeden VW kleiner Dinge wegen, die Sie wahrscheinlich nie bemerkt hätten.

Ein vergessener Steppstich im Polster. Ein Staubkorn im Lack.

Oder eine Schramme im Chrom.

Nun ist alles für die Katz, wenn Sie sich eines Tages mit einem kaputten Stoßdämpfer auf dem Marktplatz von Syracus, Sizilien, wiederfinden.

Dann brauchen Sie nur in die Via Archis 15/A zu gehen, und nach Carmelo Ortisi zu fragen.

4896 VW-Service-Stationen sorgen dafür, daß Sie sich sogar in den verlassensten Gegenden Europas nie verlassen zu fühlen brauchen. (Und daß Sie einen Stoßdämpfer bekommen, wenn Sie ihn brauchen.)

Bei all dieser Mühe haben wir bis heute niemanden gefunden, der die Nägel findet, bevor sie Ihnen die Luft aus den Reifen lassen.

Niemand ist vollkommen.

Mach's gut, Großer.

Klein warst du – und das nicht nur in deinen Ausmaßen.

Kleine Reparaturrechnungen, niedrige Versicherungskosten, geringer Benzinverbrauch.

Groß war sie – die Liebe, die wir alle dir von Anfang an entgegengebracht haben.

Wer kennt dich schon als „Volkswagen Typ1"? Käfer heißt du!

Und als Käfer wurdest du 21.529.464 mal gebaut.

Auf deinen Sitzen haben wir das Fahren gelernt, auf deinen Achsen die Welt entdeckt.

Am 30. Juli bist du in Mexiko zum letzten Mal vom Band gelaufen.

So traurig uns das stimmt, in einem Punkt sind wir ganz sicher:

Wenn es einen Himmel für Autos gibt, dann ist dort ein Parkplatz für dich reserviert.

1957 wurde das ovale Rückfenster des Käfers noch einmal verändert. Damit die Sicht besser wurde. Der neue Jahrgang war an seinem viel größeren Rückfenster erkennbar. Bessere Sicht hatte die Studentengruppe allerdings nicht, für einen Rekordversuch im Februar 1969 quetschten sich 34 Jungakademiker in einen Volkswagen.

VW 1500
WOB
V 31

L- (Luxus) und als S (Sport)-Version, letzterer mit einem 1600 ccm-Motor mit 50 PS.
Am 7. Februar 1972 lief der 15.007.034. Käfer, ein metallicblauer 1302 S, in Wolfsburg vom Band und verdrängte damit den bisherigen Rekordhalter, den Ford T, von der Spitzenposition. Er wurde zum meist verkauften Auto weltweit.
Der Erfolg des Käfers schien unaufhaltsam zu sein. Der 1302 wurde bald überarbeitet und kam 1973 als 1303er auf den Markt. Er hatte eine größere Windschutzscheibe und größere Rückleuchten. Es gab ihn natürlich auch als Cabrio von Karman, und für den Export folgte eine Katalysator-Version.
Mit dem Erscheinen des Volkswagen Golf im Jahr 1974 schien sich das Ende des Käfers abzuzeichnen. Die Produktion wurde nach Emden verlegt, um in Wolfsburg Platz für den Neuankömmling zu schaffen. In Deutschland wurde am 19. Januar 1978 der letzte Käfer produziert. Im Ausland – in Südafrika, Brasilien und Mexiko – wurde jedoch die Produktion des Käfers fortgesetzt. Am 15. Mai 1981 lief in dem Werk Puebla in Mexiko der 20-millionste Käfer vom Band. Bis zum 30. Juli 2003 wurde weiter produziert. Insgesamt war der Käfer bis zu diesem Zeitpunkt 21.529.464-mal produziert worden. Diese Zahl war ein unerreichbarer Rekord, der nie einzuholen sein wird, auch wenn die beiden anderen Anwärter, der Volkswagen Golf und der Toyota Corolla, höhere Produktionszahlen vorweisen konnten. Diese resultierten jedoch von verschiedenen Auto-Generationen, die zwar den selben Namen hatten, aber total unterschiedliche Autos waren. Der Käfer jedoch blieb von 1938 bis 2003 nahezu unverändert.

Der Volkswagen 1200, der 1961 dem Standard folgte, unterscheidet sich äußerlich nur in einigen Details von den Vorgängern, hatte aber größere 1200er und 1300 ccm-Motoren. Die ersten Modelle hatten noch die alten Stoßstangen (links). Ab 1967 erhielten sie eine vordere Stoßstange, die wie „Eisenbahnschienen" geformt waren. Diese Stoßstangen waren auch Merkmal der Mexiko-Käfer.

1 19 29 8
10 12 11
7 22 30

Der Volkswagen 1200 wurde ab 1973 auch als L (= Luxus-Version) mit einer gehobenen Innenausstattung angeboten. Vom 1500er gab es den S, eine Sport-Version.

1200 L

Lohn / Gehalt
Name
vom
bis
Lohn / Gehalt für:
Monat zu DM
Arbeitstage
Arbeits-Std.
Überstund.
Kindergeld f. Kinder
Abzüge
Lohnsteuer
Kirchensteuer
Beiträge zur Sozialversicherung
Vorschuß
Ausbez. Betrag
Der Inhalt ist sofort nachzuzählen!
20
100

Beutler
CARROSSERIE 3604 THUN
JVN·687

10 Millionen
10 000 000

Der Erfolg des Käfers ist in der Automobilgeschichte beispiellos. Der 10-millionste Käfer lief 1965 vom Band.

53
53
WOB-VC 67

oettinger
1973

Schon in den sechziger Jahren war die Presse sich einig, dass es zeitgemäßere Konstruktionen gab mit sparsameren Motoren und besseren Fahrwerken. Das aber hielt Volkswagen nicht davon ab, unverdrossen weiter am Käfer festzuhalten. In den Siebzigern indes erlahmte das Interesse, und Anfang der Achtziger wurde der Käfer nur noch in Form von Sondermodellen verkauft. Eines der letzten war der »Aubergine«-Käfer, produziert in Mexiko. Der Käfer wurde seit 1978 nicht mehr in Deutschland gebaut.

Käferproduktion
1945-1974
im Werk Wolfsburg
11 916 519

1971 kam der Volkswagen 1302, Superkäfer genannt, auf den Markt. Er war etwas länger und mit verbessertem 1300 ccm und 1600 ccm-Motor ausgestattet. Der 1302 als Zwischentyp wurde 1973 durch den 1303 abgelöst. Erst der hatte die vorverlegte Panorama-Windschutzscheibe.

O.K.

F

WOB SP 45
WOB SP 44

KÄFER

15 007 034

Der Jeanskäfer aus Deutschland kam September 1973 auf den Markt – es gab auch einen Jeans Bug aus Mexiko. Lieferbar in drei verschiedenen Gelblackierungen und in Phoenixrot, hatte er diverse Aufkleber, Sitze mit Seitentaschen an der Rücklehnen und, wie die Türverkleidungen auch, mit Jeans-Stoffbezug. Dazu kam ein Radio. Der Jeans-Käfer war nicht das einzige Sondermodell in diesem Jahr, zu haben waren außerdem der Big Käfer, der Gelbschwarze Renner und der City Käfer.

Am 1. Juli 1974, um 11.49 Uhr, stellte dann VW in Wolfsburg die Käfer-Fertigung ein. Und am 19. Januar 1978 lief in Emden die Käfer-Produktion aus. Danach entstanden in Deutschland keine Käfer mehr.

BUS
STOP

VW 1303 LS

Käfer weltweit

Im Oktober 1947 passierten die ersten fünf Käfer die deutsche Grenze und wurden an den holländischen Importeur Ben Pon ausgeliefert. Dies war der Beginn einer Expansion, die das Auto aus Wolfsburg in die hintersten Winkel der Welt bringen würde. Es sollte nicht nur maßgeblich zur Motorisierung in Deutschland beitragen, sondern auch in anderen Ländern die Mobilität fördern.
Für die Firma waren Exporte lebensnotwendig, weil sie dadurch wertvolle Devisen erhielt, mit denen Material eingekauft und Investitionen getätigt werden konnten. Deshalb wurde eine besondere »Export«-Version des Käfers gebaut, die durch zusätzliche Chromteile edler aussah und dessen Innenausstattung hochwertiger war. Er war sofort in vielen europäischen Ländern erfolgreich, und innerhalb weniger Jahre konnte man den Käfer fast überall auf der Welt kaufen. In den Niederlanden, in Belgien, der Schweiz und den skandinaviischen Ländern schnellte der Absatz in die Höhe. In Italien und in Großbritannien dagegen hatte er wegen der höheren Steuerlasten weniger Erfolg.
In den Vereinigten Staaten, wo der Käfer zunächst den Spitznamen »Wanze« erhielt, hatte er 1949 nur mäßigen Erfolg, und dies auch nur dank des dynamischen Importeurs Ben Pon. Er fuhr von Europa aus mit zwei Autos und großen Erwartungen im Gepäck ab, das Ergebnis aber war nicht wie erhofft, und so musste er einen Wagen verkaufen, um seine Rückreise bezahlen zu können. Der andere Käfer blieb bei Max Hoffmann, der auf den Verkauf von europäischen Autos und Luxusautos spezialisiert war. Ihm gelang es, einige hundert Fahrzeuge abzusetzen. Doch auch Nordhoff war vom Potential des Volkswages auf dem nordamerikanischen Markt überzeugt und setzte sich für den Aufbau eines landesweiten Verkaufsnetzes ein.
Zunächst einziger Vertragshändler war Arthur Stanton, dem es gelang, die Verkaufszahlen schnell auf mehrere tausend Fahrzeuge pro Jahr ansteigen zu lassen.
Unterdessen wurde »Volkswagen of America« gegründet. Mit diesem Schritt sollte die Lieferfähigkeit von Ersatzteilen und Reparaturen sichergestellt werden, denn dies waren die Hauptgründe, die die Käufer davon abhielten, ein ausländisches Fabrikat zu kaufen.
In kürzester Zeit stiegen die Exportzahlen dermaßen an, dass man im Werk in Wolfsburg mit der Produktion nicht mehr nachkam. Dieser Umstand führte zu Diskussionen, die Konstruktion oder die Montage des Käfers direkt im Abnehmerland durchzuführen.
Das erste Abkommen wurde 1950 mit der Firma SAMAD (südafrikanischer Motorhersteller und -händler), wo bereits Studebakers montiert wurden, getroffen. Diese produzierte im August 1951 den ersten Käfer in Südafrika, dessen Einzelteile komplett aus Deutschland importiert worden waren.
Ein ähnliches Abkommen wurde auch mit dem belgischen Karosseriebauer D'Ieteren erreicht, der Käfer bereits seit 1948 importiert hatte; durch die starke Nachfrage hielt man es für richtig, ihn direkt im dortigen Werk zu montieren. Die Zusammenarbeit wurde aufgenommen und bestand bis zur Geburt des Golfs im Jahr 1974.

20.000000
20.000.000

Vorherige Seite:
Am 15. Mai 1981 wurde im Werk Puebla in Mexiko der 20-millionste Käfer gebaut. Aus diesem Anlass entstanden 3700 Exemplare eines Sondermodells namens Silver Bug.

Ab 1947 wurde der Käfer in zahlreiche Länder auf der ganzen Welt exportiert. Kein anderes Auto hatte je solch einen umfassenden Erfolg.

KKB 6

114-242

TAXI

Fusca.
As boas idéias são simples.

AQUI ESTÃO AS MAIORES INOVAÇÕES DA INDÚSTRIA AUTOMOBILÍSTICA.
NOVO FUSCA 85.
FUSCA SÉRIE ESPECIAL.
VOLKSWAGEN
85
FUSCA

Neben dem Käfer wurden auch die Transporter Typ 2 und die Typ 3 zusammengebaut. Zudem wurde gemeinsam mit dem deutschen Tuner Öttinger eine interessante Sportwagenversion des Käfers gebaut.
1953 war für Volkswagen ein wichtiges Jahr für die weltweite Expansion. Für die Montage in Belgien wurden die Verträge abgeschlossen und noch zwei weitere wichtige Vereinbarungen unterzeichnet. Die erste war mit Regent Motors im australischen Melbourne, die bisher viele Komplett-Fahrzeuge importiert hatte und nun versuchsweise eine Reihe Einzelteile bestellte. Der Montage-Testlauf verlief überzeugend, und im darauf folgenden Jahr wurden die Volkswagen auf dem Seeweg als komplette Bausätze aus Wolfsburg bezogen.
Der Käfer war wie geschaffen für das raue, staubige Klima in Australien, wo die Straßen häufig noch geschottert waren. Der Absatz lief so gut, dass die Einzelteile ab 1956 nicht mehr importiert, sondern vor Ort in der neu errichteten Fabrik in Clayton produziert wurde. Sowohl der VW Typ 1 als auch der Transporter Typ 2 und der Typ 3 1500 wurden jetzt dort gebaut. Der australische Standort wurde bald ein wichtiger Stützpunkt für den Export in den südpazifischen Raum. Die Firma in Clayton produzierte Volkswagen, die für Malaysia, die Philippinen, Neuseeland, Neu-Guinea und zahlreichen kleineren Inselstaaten bestimmt waren. Um die Nachfrage dieser Länder zu erfüllen, wurde 1967 ein komplett neues Auto, der »Country-Buggy« gebaut. Es war eine Art simpler Limousine, ohne irgendeine Heizung, die in diesen Klimazonen auch völlig überflüssig war. Dieses Fahrzeug für Entwicklungsländer wurde auch auf den Philippinen verkauft, wo es „Sakbayan" hieß.
Das andere wichtige Abkommen war der Bau eines Montagewerks für den Käfer in Brasilien, das ebenfalls 1953 unterzeichnet wurde. In diesem Land sollte mit dem Volkswagen die Motorisierung der Bevölkerung vorangetrieben werden, wie es in Deutschland bereits geschehen war. Der Namen Käfer war jedoch für die potugiesisch sprechende Bevölkerung schwierig auszusprechen; der Volkswagen wurde deshalb dort »Fusca« genannt. 1957 begann man dort auch mit der Produktion des Kombi Typ 2 und 1962 mit dem Bau der Coupé-Version Typ 14, die von der südamerikanischen Niederlassung der Firma Karman aufgebaut wurden, die sie sich wesentlich von den europäischen Autos unterschieden.
Die brasilianische Modellpalette der Volkswagen wurde durch verschiedenste Modelle auf Käferbasis erweitert und das, obwohl die Karosserie nicht genau dem deutschen Vorbild entsprach. Dies war beispielsweise beim 1600er Typ 3 und noch mehr beim »Brasilia« von 1974 der Fall, zu dem es in Europa kein Pendant gab. Die brasilianische Version des Super-Käfers, der »Fuscao«, glich jedoch der europäischen Version.
Der Fusca wurde bis 1986 in Brasilien gebaut und erreichte eine Absatzzahl von knapp drei Millionen Einheiten. Aber damit war die brasilianische Käfer-Geschichte noch nicht zu Ende, weil das Land unter ernsthaften wirtschaftlichen Pro-

65 6/10
regular

GIFTS
FURS

891-943

Mini Midi Maxi
Los 3 nacen en Puebla
CLINIC

SIMPSONS
GENERAL
MERCHANDISE
SADDLE SHOP
UCE 337

blemen zu leiden hatte. Der Staatspräsident war entmachtet worden und durch Vizepräsident Itamar Franco ersetzt, der von der Qualität des Fusca bei Autolatina (Gemeinschaftswerk von Volkswagen und Ford) schwärmte und dem es unerwarteter Weise gelang, die Werksleitung von einer Wiederaufnahme der Produktion zu überzeugen. Nach einem anfänglichen begeisternden Erfolg 1993 fielen die Absatzzahlen rasant und die Produktion wurde daraufhin 1996 – dieses Mal für immer – eingestellt.

Bauteile, die in Brasilien entstanden waren, wurden seit 1975 nach Nigeria exportiert, wo mehr als 150.000 Einheiten im Laufe von zehn Jahren entstanden.

Der brasilianische Käfer war nicht gerade das langlebigste lateinamerikanische Auto. Diesen Rekord hielt ein in Mexiko produzierter Käfer, der »El Sedan« hieß.

Die erste Lieferung von CKD-Einzelteilen wurde 1954 von Chrysler-Studebaker-Packard in Mexiko importiert und bei Xalostoc Factory montiert. Wie in Deutschland und in Brasilien waren die Fahrzeuge auch hier sehr erfolgreich. Deshalb wurde 1965 ein weiteres Werk in Puebla errichtet. 1970 wurde dort auch der Typ 181, der »Kübelwagen« gebaut, der in Mexiko »Safari« hieß, ebenso der Transporter Typ 2. Beide Modelle wurden auch in die Vereinigten Staaten exportiert. Der Golf kam 1977 auf den Markt, aber er konnte den El Sedan nicht vom Markt verdrängen. Als die Produktion in Deutschland eingestellt wurde, wurden die Autos aus mexikanischer Produktion bis 1985 über das Volkswagen-Werk nach Europa eingeführt.

Aufgrund der niedrigen Kosten, die sein Überleben in der großen Wirtschaftskrise des Landes Anfang der 1990er Jahre garantierten, erreichte der El Sedan das dritte Jahrtausend: Es ist das einzige Auto, das die Zeitläufe seit den 30er Jahren bis ins neue Jahrtausend überlebt hatte.

Das Produktionsende in Mexiko erfolgte aufgrund der strengen Emissionsbestimmungen, die in Mexiko-City eingeführt wurden. Die elektronische Kraftstoffeinspritzung, die seit 1993 eingebaut wurde, war nicht mehr ausreichend. Volkswagen sah sich daher gezwungen, die Produktion einzustellen.

Zum großen Finale wurde eine besondere limitierte Edition von 3000 »Ultima Edición«-Käfer mit Weißwand-Reifen und den ursprünglichen verchromten Zierleisten – sie waren nach und nach dem Rotstift zum Opfer gefallen – aufgelegt.

Der letzte Käfer verließ am 30. Juli 2003 in Puebla das Montageband. Es war der Käfer mit der Fahrgestell-Nummer 21.529.464.

Die Käfer-Montage erfolgte in mehr als einem dutzend Länder der Erde. In einigen Ländern wie Mexiko und Brasilien, wie gesagt, war der Käfer maßgeblich für die Motorisierung der Bevölkerung verantwortlich. In anderen Staaten, wie in den USA und Kanada, war sein Erfolg mehr ein langlebiger Modetrend.

Für nordamerikanische Verhältnisse war er ein kleines Auto, er hatte den Motor im Heck und eine Form, die völlig gegensätzlich zu den massiven, eckigen amerikanischen Schlitten war. Der Volkswagen rief Begeisterung hervor und

JTV 203

FIFTH AVENUE COACH COMPANY
2081
2081
Go the Motor Coach Way

In Südafrika (links) und in den Vereinigten Staaten (rechs) war der Käfer am erfolgreichsten. In Südafrika wurden die Autos im Land gebaut, während die Fahrzeuge in den USA aus Deutschland importiert wurden. Heute wird der nordamerikanische Markt vor allem von Mexiko aus bedient.

Der Käfer war in Mexiko sehr erfolgreich. Dort hatte er den Spitznamen »El Sedan«.

machte ihn für eine ganze Generation junger Menschen in den 60er Jahren zur Ikone der Beat-Generation. Einen ähnlichen Erfolg hatte auch der Bully-Kleinbus für die nachfolgende Hippie-Generation. Oft war er in schrillen Farben bemalt und hatte das Friedenssymbol auf der Haube anstatt des Volkswagen-Logos. Selbst die harten Umweltgesetze, die 1976 in Kalifornien in Kraft traten, konnten die Verkäufe des Käfers in Amerika nicht stoppen. Der 1,6-Liter-Motor, der erste Großserienmotor weltweit, hatte bereits seit 1967 eine elektronische Kraftstoffeinspritzung.

Die wichtigsten Stationen der Modellgeschichte

1945: Mai/Juni: Produktion von 1785 VW (bis Jahresende) für Besatzung und Behörden.

1946: 10.020 VW produziert, Erwerb für Privatpersonen nur möglich mit Bezugschein. Preis RM 5000,-. Lieferbare Farben: grau, blau, schwarz. 14. Oktober: Fertigstellung des 10 000. Käfer.

1947: August: Beginn des Exports in die Niederlande.

1949: Serienanlauf von Export-Modell und Karmann-Cabrio mit Hochglanzlackierung und Chromzierleisten. Teilung des Programms in Standard- und Export-Modelle.

1951: Produktion des 250 000 Wagens

1952: Das Getriebe wird teilsynchronisiert (zumindest für den VW Export). Drehfenster in beiden Türen, geänderte Stoßstangen und Bremsleuchten erhält auch der Standard.

1953: Rückfenster vergrößert, Verzicht auf Mittelsteg.

1954: Januar: Einführung 30-PS-Motor; Hubraum-Erhöhung auf 1192 cm^3, Verdichtung 6,1: 1. Ölbad- Luftfilter, Vergrößerung der Einlassventile. Export-Modell anders übersetzt, Spurweite vorn 1305 mm, Standard 1290 mm. Höchstgeschwindigkeit 110 km/h, 0-100 km/h 47 s. August: Erhöhung der Verdichtung auf 6,6, Lichtmaschinen-Leistung 160 Watt.

1955: August: Einkammer-Auspufftopf mit Doppelauspuff, PVC-Schiebedach, neue Brems-, Schluss- und Rückstrahlleuchten, an den Heckkotflügeln höher angebracht. Größerer Kofferraum durch neue Form des Tanks.

1957: August: Heckfenster und Windschutzscheibe wesentlich vergrößert, neue Form des hinteren Deckels; Kennzeichenleuchte mit wannenförmiger Streuscheibe. Neues Armaturenbrett.

1960: Der neue Export-Käfer hat nun 34 PS, ein voll synchronisiertes Getriebe und heißt »VW 1200«. Beide Modelle erhalten Blinkleuchten anstelle der Winker.

1962: Die Volkswagen bremsen hydraulisch.

1964: Zum Jahresende wird aus dem Standard-Käfer bei unveränderter Motorisierung der 1200 A. Jetzt endlich erhält er das vollsynchroniserte Getriebe des Export-Modells.

In Mexiko trug der Volkswagen zur Motorisierung der Bevölkerung ebenso bei, wie es in Deutschland der Fall gewesen war. Die ersten Autos in der Grundausstattung wurden 1954 importiert. Nachdem eine Fabrik gebaut worden war, konnten die Fahrzeuge im Land selbst gebaut werden. Die mittelamerikanische Version überlebte am längsten und endete erst mit der Produktionseinstellung im Jahr 2003.

**In Südafrika wurde neben dem normalen Käfer 1300 auch die leistungsfähigere Version 1600 S gebaut, die es in Deutschland so nie gab.
»Kewer« Beetle Sedans wurden im südafrikanischen VW-Werk Uitenhage zwischen 1959 und 1979 gebaut. »Kewer« ist der Afrikaans-Ausdruck für »Käfer«, die Prospektbezeichnung ist im Grunde genommen doppelt.**

1965: Produktionseinstellung des 1200 A mit 30 PS-Motor. Die bisherige Export-Ausführung des VW 1200 wird zum VW 1300, während das bisherige 34-PS-Export-Modell mit Fahrwerksteilen des VW 1300 aufgerüstet wird und als VW 1200 A verkauft wird. Der VW 1300 hat 40 PS (Hubraum 1285 cm³) und eine neue Vorderachs-Konstruktion. Er kostet DM 4980,-.

1966: verschwindet der VW 1200 A aus dem Programm. Unter dem Slogan »VW 1300 jetzt auch mit 1500er-Motor und Scheibenbremsen vorn« erfolgt aber die Einführung des VW 1500 mit 44 PS. Mit einer Höchstgeschwindigkeit von 125 km/h ist er der schnellste bis dahin gebaute Käfer.

1967: Den VW 1200 (ohne Zusatzbezeichnung »A«) mit 34-PS-Motor gibt es wieder, bezeichnet als Sparkäfer. Dabei handelt es sich um einen VW 1300 mit einfacherer Ausstattung. Zum August kommen die Sicherheits-Lenksäule und senkrecht stehende Scheinwerfer, beides Maßnahmen, die den geänderten Zulassungsbestimmungen in den USA entsprechen. In dem Jahr erfolgt auch die Einführung des VW 1500 mit Automatik. Nur der erhält die neue Schräglenker-Hinterachse mit Doppelgelenk-Antriebswellen.

1968: Der VW 1300 ist nun auch mit Automatik lieferbar. Vordere Scheibenbremsen gibt es auf Wunsch.

1969: Den 1300er Motor mit Scheibenbremsen und Automatik gibt es auf Wunsch auch für den VW 1200.

1970: endet die 1500er Modellreihe zugunsten des VW 1302. Der neue »Super-Käfer« erscheint als 1302 (1,3 Liter, 44 PS) und 1302 S (1,6 Liter, 50 PS). Merkmal ist der um 74 mm längere Vorderwagen mit neuer Federbein-Vorderachse. Kofferhaube und Kotflügel wurden modifiziert. Dazu kam die Schräglenker-Hinterachse statt der alten Pendelachse. Beim 1302 S waren Scheibenbremsen vorn serienmäßig.

1971: Beim VW 1200 wird das Heckfenster vergrößert; auch gibt es eine Hutablage.

1972: erscheint der VW 1300 S mit 1,6-Liter-Motor (44 PS) und Scheibenbremsen. Und der Super-Käfer 1302 wird durch den Typ 1303 ersetzt. Das Modell Weltmeister von 1972 war ein Käfer Modell 1302 mit 44 PS. Am 17. Februar 1972 löste der Käfer mit 15.007.034 Stück das Ford Modell T als meistproduziertes Fahrzeug der Welt ab. Zu diesem Anlass wurden 5000 Weltmeister-Käfer produziert: Silberblaumetallic, Lemmerz-Felgen mit achteckigen VW-Radkappen. Jedes Exemplar wurde mit einem Zertifikat, Schlüsselanhänger und einer Goldmedaille mit der Aufschrift »Der Weltmeister 1972, Wolfsburg, Germany« ausgeliefert.

1973: Im August erfolgte die Vorstellung VW 1303 mit der nach vorn verlegten Panorama-Windschutzscheibe und den großen Dreikammer-Heckleuchten. Der Motor war weitgehend unverändert. Heckleuchten, Stoßfänger und Haube der 03-Käfer erhielt auch der VW 1200.
Auslaufen der 1300er Modellreihe, Ersatz bildet der VW 1303 A. Vom VW 1200 erschien das Sondermodell »Jeans-Käfer«, während der 1303 in drei Varianten vorfuhr: Als »Gelbschwarzer Renner« auf Basis des 1303 S, als „City-Käfer" (1303/1,3 Liter) sowie als »Big-Käfer« (1303/1,6 Liter). Und der Einführung 1303 A kam mit dem 34-PS-Motor/1,2 Liter und vereinfachter Ausstattung.

¿Por qué es tan apreciado el Volkswagen en 136 países?

El éxito de exportación del Volkswagen es único. ¿A qué se ha debido? . . . A que el VW, además de rápido y cómodo es muy económico. A que el VW, aunque hoy ya otros autos ostentan algunas de sus ventajas técnicas (motor en la parte trasera, refrigeración por aire y suspensión de ruedas independientes por barras de torsión), reúne todos esos adelantos técnicos con tanta precisión, que cunde el entusiasmo en los 136 paises donde se viaja en él, mostrándose tan pimpante bajo el sol tropical como por las llanuras árticas. Igual rueda por autopistas que por carreteras de tercer orden, por montes, que por planicies. A que el VW, aunque ya ha cumplido 15 años de edad, continúa siendo el coche prodigio de sus primeros días, adelantándose siempre a otros coches de su tiempo, gracias todo a una sana política comercial basada en perfeccionar lo bueno haciéndolo mejor año tras año. A que si bien el VW es en dichos paises un coche de exportación, hubo en ellos en tiempo oportuno talleres de servicio al cliente y almacenes de piezas de repuesto. Hay tres modelos de Volkswagen:

DYVI OCEANIC
OSLO

VOLKSWAGEN

Der Erfolg des Käfers war wirklich global. Auf dieser Seite sieht man (im Uhrzeigersinn) Fotos von Autos, die in Mexiko, in Äthiopien und in den Vereinigten Staaten verkauft wurden.

1974: August: Der VW 1200 wurde einfacher ausgestattet, die Blinker waren vorn in Stoßfänger integriert. Er kostete DM 6395,-. Der VW 1200 L war mit 34 oder 44 PS lieferbar. Im August verschwand auch der 1303 A, der 34 PS-Motor indes war weiterhin lieferbar. Bei allen Modellen rückten die Blinker vorn in die Stoßstangen. Die Kennzeichenleuchte erhielt eine Sicke, das Abschlussblech war gewölbt, und die Schalldämpferrohre waren schwarz eloxiert, während sie zuvor verchromt gewesen waren. Für die USA und Japan war der 1,6 Liter/50 PS mit Einspritzanlage und Katalysator ausgerüstet. Sondermodelle: »BIG« (1303 S in Sonderlack, Cord-Sitzbezüge, Schlingenflor-Teppich, Holzfolie am Armaturenbrett, 5,5 x 15 Zoll-Felgen, Schriftzug); »World Cup '74« (1303 Cabrio, die Wagen für die Spieler des dt. WM-Teams hatten grün/schwarze Lackierung; die käuflichen Modelle waren in anderen Farben lackierte Limousinen).

1975: Den VW 1200 gab es nicht länger mit 44 PS; dafür konnte er mit dem 1,6-l-Motor des 1303 geordert werden. In L-Ausstattung hatte er dann sogar die 03-Motorhaube und Scheibenbremsen vorn. Mit dem Modelljahreswechsel wurde im Juli wurde die 1303-Produktion eingestellt.

1978: Januar: Am 19.1. lief in Emden der letzte deutsche Käfer vom Band. Damit verschwand auch der VW 1200 mit 50 PS, es gab nur noch 34 PS-Käfer in L-Ausstattung, produziert in Puebla/ Mexiko. DM 8145,-.

1980: Preisanhebung auf DM 9025,-.

1981: In diesem Jahr erschien das Sondermodell »Silver Bug« (Anlass: die Produktion des 20-millionsten Käfers am 15. Mai 1981). Keine Entlüftungschlitze auf der Motorhaube mehr. Preis DM 9435,-.

1982: Lieferbar waren die Sondermodelle »Jeans Bug« (alpinweiß/marsrot; Jeans-Sitzbezüge, Radio, alle Chromteile schwarz) und »Special Bug« (marsrot/schwarzmetallic, Schriftzüge, Radio, Schaltknauf mit Special-Bug-Logo).

1983: Die Sondermodelle dieses Jahres hießen »Aubergine-Käfer« (Aubergine-metallic, Dekorstreifen, Sitzbezüge und Seitenverkleidungen. Radio) und »Alpinweiß« (Dekorstreifen in Schwarz/Silber, besondere Sitzbezüge).

1984: Erhältlich waren die Sondermodelle »Eisblau-metallic-Käfer« (eisblaue Metallic-Lackierung, Radio, Zierstreifen, Sitzbezüge und Teppichbodenauskleidung in Blaugrau, DM 9990,-. Auflage 8300 Ex.), »Sunny Bug« (Gelb, schwarz-weiße Doppeldekorstreifen, gelben Cordsitzbezüge, DM 9990,-, Auflage 1800 Ex.) und »Samtroter Käfer« (Samtrot, Sitzbezüge in rot-blauem Streifenvelours, seitlicher Doppelzierstreifen mit Dekorblumen, DM 9990,-).

1985: Den krönenden Abschluss bildete das Sondermodell »50 Jahre Käfer«. Die letzten 3150 vom Werk importierten Exemplare kamen in den Handel: mit zinngrauer Metalliclackierung, Wärmeschutzverglasung, Vierspeichen-Lenkrad, Radio, Stoffsitzbezüge mit schwarzroten Doppelstreifen, Sport-Stahlfelgen, Jubiläums-Plakette und Reifen 165 SR 15, Preis: DM 11 950,-.

MU 8864

Viele Jahre lang war der Käfer das bestverkaufte Auto in Mexiko, wo es fast ein halbes Jahrhundert gebaut wurde – und auf jeden Fall länger als in Deutschland. Der Mexiko-Käfer vollzog längst nicht alle Änderungen nach, denen der deutsche Käfer unterlag. Während er 1971 in Deutschland eine größere Heckscheibe eingesetzt wurde, behielt der »Vocho« die alte Ausführung bis 1985, dann erhielt er die größeren Scheiben, wie sie der VW 1200 in Deutschland bereits seit 1972 hatte. Ab 1988 besaß der Mexiko-Käfer eine elektronische Zündung und ab 1991 einen Einspritzmotor sowie Katalysator.

In Mexiko wurde der Käfer sehr häufig als Taxi eingesetzt. Um dem Fahrgast einen bequemeren Einstieg in die enge zweitürige Kabine zu ermöglichen, wurde meist der Beifahrersitz ausgebaut. Am 30. Juli 2003 wurde die Produktion in Mexiko wegen der strenger werdenden Abgasvorschriften eingestellt. Die letzten 3000 Exemplare liefen als Sonderserie »Última Edición« vom Band, die Basis bildete der 1600i. Die Wagen waren in zarten Pastelltönen lackiert und hatten lackierte Felgen mit Weißwandreifen, Chromzierleisten und ein Wolfsburg-Emblem auf Kofferraumhaube und Lenkrad. Der Import nach Deutschland erfolgte über Omnicar in München.

Käfer-Varianten

Dass der Käfer eine gute Basis war, von der andere Modelle abgeleitet werden konnten, hatte man bereits während des Krieges festgestellt. Und auch Heinz Nordhoff hatte erkannt, dass der Weg zum Erfolg über eine Verbreiterung des Produktsortiments führte.
Obgleich der Markt einerseits weiterhin einen praktisch unveränderten Käfer forderte, was mit einer Kostensenkung und der Erhöhung der Wettbewerbsfähigkeit einherging, so es war andererseits notwendig, eine Reihe völlig unterschiedlicher Modelle zu produzieren, um neue Kundenkreise zu erreichen.
Die gleiche technische Basis wurde folglich für den Bau von vier verschiedenen Fahrzeugtypen verwendet, die sich nach dem Wort »Typ« durch eine Zahl (von 1 bis 4) unterschieden.
Typ 1 war natürlich der Käfer selbst, von der Standardversion Typ 11 bis zum Typ 15A Karmann Cabriolet, inklusive alle anderen Varianten wie der Zweisitzer Typ 14A Cabriolet und das Polizeifahrzeug Typ 18A mit seinen vier Stofftüren. Beide wurden von der Firma Hebmüller gebaut. Diese Gruppe schloss alle Autos mit ein, die auf der gleichen Basis, also auch der Typ 147 »Fridolin« Postwagen, der 1962 für die Deutsche Post gebaut worden war und dann an die Schweizer Bundespost verkauft wurde, abgeleitet wurden.
Eine andere sehr bekannte Variante des Typs 1 war der Typ 141, das wunderschöne Sportcoupé, das vom Karosseriebauer Karmann produziert und von der Turiner Firma Ghia entworfen worden war. Nach einer längeren Entwicklungsphase, die 1951 begann, kam der Flitzer 1955 auf den Markt und wurde ab Ende 1957 auch in einer auffallenden Cabriolet-Version (Typ 143) angeboten.
Auf Typ-1-Basis entstand auch der Typ 181, der VW Kübelwagen für die Bundeswehr. Die Kübel-Neuauflage war kein echter Geländewagen, die Wolfsburger bezeichneten ihn als »bequem zugängliches Mehrzweckfahrzeug« oder auch »Kurierwagen«. Die Amerikaner nannten ihn schlicht »Das Ding«.
Im September 1969 stand der VW 181 auf der IAA und bald darauf auch in vielen Kasernen: Der DKW-Jeep Munga wurde nicht mehr gebaut, Ersatz war dringend notwendig. Der Typ 181 entstand nach Behördenvorgaben, die Bundeswehr orderte zunächst 2000 Einheiten. Für 8500 Mark konnten ihn auch Privatleute erstehen. Der VW mit den dicken, über einen Millimeter starken Blechwänden hatte einen immensen Durst, ein Testverbrauch von 12,1 Liter war in Anbetracht der Fahrleistungen doch etwas reichlich. Der 181 ging laut Werk 110 km/h und erreichte, mit Anlauf, bisweilen sogar 115 km/h. Besonderes Vergnügen bereitete er dabei allerdings nicht. Der Verzicht auf jegliche Dämmstoffe oder Innenverkleidungen ließ den Wagen sehr stark dröhnen, was bei geschlossenem Verdeck jenseits der 70 km/h-Marke besonders unerträglich wurde. Andererseits sorgte die sehr kurze Getriebestufung für eine ganze Menge Fahrspaß in unteren Geschwindigkeitsbereichen, die Autotester hatten

Ausgehend vom Typ 1, dem Käfer, baute Volkswagen noch drei weitere Typreihen, von der gleichen Basis: der Kombi Typ 2, der Typ 3 (rechts) und die Limousine Typ 4 (411/412 links) sowie den kleinen Sportwagen 914 mit Mittelmotor (unten rechts), der gemeinsam mit Porsche gebaut wurde.

WOB-A 961

WOB-A 961

an Ampelstarts besonders viel Vergnügen: 6,5 Sekunden für den Sprint zur 50 km/h-Marke waren wirklich nicht zu verachten. Darüber büßte der 890 kg schwere Kübel schon erheblich an Temperament ein, von null auf 100 km/h in 36 Sekunden waren wirklich nicht der Rede wert. Andererseits zog der VW 181 selbst bei Fußgänger-Geschwindigkeit auch im zweiten Gang noch kraftvoll durch. In leichtem bis mittelschwerem Terrain war der Kübel durchaus tauglich, die hohe Bodenfreiheit und der glatte Unterboden ließen ihn über so manches Hindernis hinwegrutschen. In schwerem Gelände dagegen agierte der Kübel so gut oder schlecht wie jeder andere Käfer (und der Kriegs-Kübel Typ 82): Auch ein Heckmotor-Fahrzeug fährt sich in extremen Situationen fest. Der stupsnasige Käfer-Verwandte wurde im Laufe seiner zehnjährigen Dienstzeit mehrmals überarbeitet, die wichtigste Revision erfolgte für das Modelljahr 1974; 1975 wurde die Produktion nach Mexiko verlegt. Insgesamt baute Volkswagen von diesem Pseudo-Geländewagen 70 395 Stück, bevor die Produktion Ende 1978 auslief.

Der Typ 2 schloss indessen alle Transporter mit dem Fahrersitz über den Vorderrädern ein. Die Idee für den Bau eines Transporter auf Käferbasis stammte von dem holländischen Importeur Ben Pon, der bei einem Besuch in Wolfsburg das Transportfahrzeug gesehen hatte, mit dem Einzelteile innerhalb die Fabrik transportiert wurden. Es waren Käferrahmen mit einer Ladefläche zum Be- und Entladen und einer kleinen Fahrerkabine über dem Motor. Er war überzeugt, dass man ein Transportfahrzeug mit großem Innenraum konstruieren könnte, wenn man das Fahrerhaus nach vorne versetzen würde. Den Motor über der Hinterachse, der Fahrer vorn und die Ladung in der Mitte garantierten eine ausgezeichnete Gewichtsverteilung.

Das Projekt war ganz simpel, und die ersten zwei Prototypen, die 1948 gebaut wurden, waren einfach nur große rechteckige Kästen auf Rädern. Diese Konstruktion wäre einfach und billig in der Produktion gewesen, aber die Aerodynamik des Fahrzeuges, das 750 kg mit einem 25-PS-Motor transportieren sollte, war völlig unakzeptabel. Eine windschlüpfigere Form musste gefunden werden, die im Windkanal an der Universität Braunschweig getestet werden sollte.

Nach einer Reihe langwieriger Tests und nachdem man die Probleme mit der Rahmensteifheit behoben hatte, begann am 9. März 1950 die Produktion des Volkswagen Typ 2 »Transporter«. Nordhoff gab ihm den Spitznamen »Bulli«, offensichtlich eine Kombination der Wörter »*Bu*s« und »*Li*eferwagen«.

Der Transporter fand schnell Akzeptanz bei der Kundschaft und entwickelte sich sofort zu einem riesigen Verkaufserfolg. 1954 wurden 100.000 Fahrzeuge des Typ 2 gebaut. Im folgenden Jahr wurde in Hannover ein neues Werk errichtet, in dem ausschließlich Nutzfahrzeuge gebaut werden sollten. Nordhoffs Kontakte zu verschiedenen Karosseriebauern, deren Tagesgeschäft es war, Sonder-

Zwei Wagen in einem –
VW-Kombi

Der Transporter Typ 2 wurde ab 1950 gebaut. Die ersten drei Generationen, vom T1 bis zum T3, hatten bis 1990 im Prinzip den gleichen luftgekühlten Heckmotor wie der Käfer.

Helmut Richter
OHA-S 257

Coca-Cola
BN 84-6216

POLIZEI
D 3829

Kombi

WOB-AW 66

H P 1586

aufbauten für Nutzfahrzeuge nach Kundenanforderung zu entwerfen, halfen bei einer Grundsatzentscheidung. Der Typ 2 sollte nicht an irgend eine Fremdfirma vergeben werden, alle verschiedenen Karosserievarianten mussten den Segen von Volkswagen erhalten.
Es entstand eine riesige Modellpalette einschließlich Transporter, zwei- oder dreisitzige Lkw, Kleinbusse sowie Krankenwagen, Polizei- und Feuerwehreinsatzfahrzeuge. Besondere Popularität erfuhr der Luxus-Kleinbus »Samba« mit einer Reihe kleiner Panoramafenster, der so genannten Dachverglasung, so dass er auf insgesamt 23 Fenster aufwies.
Auf Grund der vielen Variationsmöglichkeiten entdeckten viele normale Autofahrer – fast ein halbes Jahrhundert vor den Kombis von heute – den Reiz und den Komfort dieser Kombifahrzeuge. Die einzige Ausnahme von der Nordhoff-Regel waren die Wohnmobile, die für Volkswagen von dem Spezialunternehmen Westfalia ausgebaut wurden. Das erste kam 1951 auf den Markt und verhalf damit dem Phänomen des Wohnmobils, das noch in den Kinderschuhen steckte, zu größerer Popularität.
Wie ein Nutzfahrzeug wurde 1962 der Typ 2 in einer Variante mit einer Ladekapazität von einer Tonne, ausgestattet mit einem 1,5 Liter-Motor angeboten. Die erste Bsureihe, der T1, wurde mit kleinen Veränderungen bis 1967 gebaut; das nachfolgende T2-Modell hatte eine Menge technischer Verbesserungen und war an einer völlig anderen Frontpatie zu erkennen, bei der das charakteristische »V«-Muster und der zweigeteilte Scheibenwischer durch ein moderneres Design ersetzt worden waren.
1971 wurde ein 1600 ccm-Motor eingebaut, im darauf folgenden Jahr standen auch die 1,7 und 2,0 Liter-Volkswagen Motoren aus dem Typ 4 zur Verfügung.
Die letzte Generation der Transporter mit luftgekühltem Heckmotor war der Typ 2 aus dem Jahr 1979; er war komplett überarbeitet worden und hatte eine kastenförmige Karosserie und völlig neue technische Komponenten. Er wurde in den frühen achtziger Jahren wahlweise mit einem Diesel- oder wassergekühlten Benzin-Boxermotor verkauft. 1990 wurde er durch den T4 ersetzt, der, obwohl er weiterhin Transporter T2 genannt wurde, ein vollständig anderes Fahrzeug mit einem Frontmotor war.
Die dritte Schiene der Käfer-Ableitungen waren die VW Typ 3, deren wichtigstes Merkmal ein 1,5 Liter-Motor war. Dies gab Volkswagen die Möglichkeit, einen Kundenkreis anzusprechen, der sich für Fahrzeuge einer höheren Klasse, als der Käfer es war, interessierte. Der erste Typ 3, 1500er genannt , kam 1961 auf den Markt und wurde als traditioneller Zweitürer (Typ 31) angeboten; im folgenden Jahr war auch der »Variant«, ein praktischer Kombi-Dreitürer lieferbar. Ein geplantes Cabriolet wurde nicht verwirklicht.
In die gleiche Gruppe gehörte auch der Typ 34, der Karmann-Ghia, ein Coupé, das auf dem Chassis des 1500er basierte.

In den sechziger und siebziger Jahren war der VW-Bus das Lieblingstransportmittel der Hippies, den sie in vielen zahlreichen Varianten besonders gestalteten.
Um Originalitätsfanatiker handelte es sich dabei natürlich nicht, Pflege und Wartung spielten keine Rolle. Rost am Scheibenrahmen, Gammel an allen Ecken und Radzierblenden, die gar nicht dazu passten – das sollte man alles nicht so eng sehen: Wer einen Transporter fuhr, gab damit ein Statement ab.

Der VW Typ 3 bildete in seinen Hauptbaugruppen – Aufbau, Fahrgestell, Motor – zwar eine völlige Neukonstruktion, basierte allerdings auf dem bekannten Käfer-Konzept. Auch beim VW 1500 legten die Techniker von Porsche Hand an: Die Feinabstimmung erfolgte in Stuttgart-Zuffenhausen, die Prototypen für VW hatten die Spezialisten der Stuttgarter Karosseriefabrik Reutter (dem späteren Porsche-Karosseriewerk) gebaut. Der neue VW 1500 wirkte in vielerlei Beziehung erwachsener als der Käfer, nur in einer nicht: Hinten gab es nicht mehr Platz, da auch das Typ-3-Chassis den Radstand des Typ 1 aufwies. Andererseits: so konnten die VW-Werkstätten die erst vor kurzem eingeführten (und auf den Käfer ausgelegten) Prüfstände ohne große Änderungen weiter nutzen.
Mit 4225 mm war der Typ 3 gerade 160 mm länger als der Käfer, viel wichtiger indes die Tatsache, dass der Typ 3 zwei Kofferräume vorzuweisen hatte. Und Fahrer samt Beifahrer konnten sich über etwas mehr Ellenbogenfreiheit freuen.
Zum Modelljahr 1964 erweiterte das Volkswagenwerk seine Angebotspalette um die so genannten S-Modelle mit dem auf 54 PS erstarkten Boxermotor; das Volkswagenwerk hatte es geschafft, im engen und vollgestopften Motorabteil einen zweiten Vergaser unterzubringen. Die Spitze stieg auf 135 km/h.
Den Typ 3 gab es auch in einer Kombiausführung namens »Variant«. Und nicht wenige waren der Meinung, dass der Variant der bessere »große« VW sei. Bis zur B-Säule war der Variant baugleich mit der Limousine. Neben den offensichtlichen Unterschieden in Dach, Fensterpartie und Seitenteilen war es vor allem die Ausstattung, die den Kombi vom Stufenheck unterschied.
1965 wurde die Modellpalette um den VW 1600 (»Touren-Limousine«) erweitert, ein bequemer Zweitürer mit Fließheck (»Fastback«) und einem 54 PS-Motor, der im folgenden Jahr auch für die anderen Modelle verfügbar war. Die LE- und TLE-Versionen (das »E« stand für Einspritzung) kamen später auf den Markt und wurden dann bis 1973 produziert.
Die letzte Gruppe der Volkswagen mit luftgekühltem Heckmotor war der Typ 4, mit der der Wolfsburger Autohersteller versuchte, in das Mittelklasse-Segment einzusteigen. Der Typ 411, der mit dem Namen „1700" auf den Markt kam, war der erste Volkswagen mit vier Türen, er wurde als »Der große Volkswagen« bezeichnet. Alternativ wurde er jedoch auch als Zweitürer und als Variant angeboten. Die Käufer waren jedoch beim Anblick dieser ungewöhnlichen Karosserie geteilter Meinung. Der 411er hatte nämlich eine lange Schnauze und zwei ovale Scheinwerfer, einen Heckmotor und den Kofferraum vorn, wie eine Limousine, was für ein Fahrzeug dieser Größe ziemlich ungewöhnlich war. Sogar der Motor, der trotz erhöhtem Hubraums nur 68 PS hatte, fand auf Grund seines Einsatzgewichts keinen großen Anklang. »Nasenbär«, so lautete der wenig schmeichelhafte Spitzname für diesen Typ.

KARMANN
Ghia
Coupé
Cabriolet

Der Käfer bildete die Basis zahlreicher sportlich angehauchter Versionen. Die erste war der Typ 15 mit Karmann-Karosserie (vorige Seiten), aber es gab auch den Volkswagen-Porsche 914 (links) mit dem Motor des VW 411 und die Fließhecklimousine 1600 TL (oben).

Volkswagen macht dies jedoch im folgenden Jahr durch einen großen Wurf wieder wett: der 1700 E war das erste Großserienauto der Welt, das eine elektronische Kraftstoffeinspritzung als Standardausrüstung besaß und dadurch 80 PS auf die Straße brachte.
Im Jahr 1972 kam der Typ 412, eine verbesserte Version des Vorgängers, der, obwohl er nie sehr erfolgreich war, bis 1974 gebaut wurde.
Zu diesen Käfer-Ableitungen gehört auch der Volks-Porsche 914, ein kleiner preiswerter Sportwagen mit Mittelmotor und Targa-Karosserie (das mittlere Teil des Dachs konnte herausgenommen werden), der in unterschiedlichsten Varianten von 1969 bis 1976 gebaut wurde.
Bereits 1956 hatten die VW-Ingenieure einen kleinen, offenen Zweisitzer bis zur Serienreife gebracht, doch VW-Chef Nordhoff stoppte den Serienanlauf. Im Herbst 1966 stand das Thema in Wolfsburg erneut zur Debatte. Insbesondere auf dem wichtigen US-Markt fehlte den Wolfsburgern ein sportliches Aushängeschild. Heinrich Nordhoff und Ferry Porsche einigten sich daher auf den Bau eines erschwinglichen offenen Zweisitzers. Die Arbeitsteilung funktioniert nach bewährtem Muster: Porsche entwickelte, und VW zahlte. Aus Kostengründen sollten möglichst viele Teile aus dem VW-Regal zum Einsatz kommen, so etwa bei Motor und Fahrwerk. Übrigens sollte der Sportwagen zunächst nur über VW vertrieben werden, dann aber hatte den Porsche-Ingenieuren der Entwurf so gut gefallen, dass sie vom »Roadster« (so die VW-interne Bezeichnung) auch ein Porsche-Version auf die Räder stellen wollten.
Das Projekt lag in Händen von Heinrich Klie, der auch für die Entwicklung des Carrera 6 verantwortlich gewesen war, er zeichnete die klaren, schnörkellose Linien des neuen VW-Porsche. Auch sein Nachfolger Ferdinand Alexander Porsche (der den Porsche 911 entworfen hatte) änderte am Mittelmotor-Entwurf nur wenig. 1967 sah Wolfsburg den 914 zum ersten Mal, am 1. März 1968 rollte der erste Prototyp. Die Produktion wurde Karmann in Osnabrück übertragen – dort lief die Fertigung des Typ 34 Karmann Ghia, des »Großen Karmann« aus. Die offizielle Vorstellung des VW-Sportwagens – des ersten Großserienautos mit Mittelmotor – erfolgte 1969 auf der IAA in Frankfurt.
Der kleine Mittelmotor-Flitzer – 3,98 Meter lang und 1,23 Meter hoch – war ein kompromisslos auf Sportlichkeit getrimmter Zweisitzer. Entsprechend fiel auch die Preisgestaltung aus, der VW-Porsche (der in den USA nur als Porsche 914 verkauft wurde) kostete beinahe 12 000 Mark. Der Einstieg in das Mittelmotor-Vergnügen begann mit 1,7 Litern Hubraum und 80 PS: Der luftgekühlte Vierzylinder-Boxermotor stammte aus dem VW 411 E und war mit einer D-Jetronic-Einspritzanlage ausgestattet. Die Höchstgeschwindigkeit betrug rund 175 km/h. 1974 wurde der 1,7 Liter durch den größeren 1,8 Liter aus dem VW 412 LE ersetzt. Dieser Motor wurde für Europa mit Weber-Doppelvergasern bestückt, in den USA kam die

Bosch L-Jetronic zum Einsatz. Das dazu passende Getriebe war eine VW-Eigenentwicklung.
Zum Modelljahr 1973 erschien der 914/2.0, der den gleichzeitig zum 914/4 angebotenen 914/6 mit Porsche-911-Motor ersetzte. Der Zweiliter-Porsche mit 100-PS-Motor basierte auf dem bisherigen 1,7 Liter-Einspritzer, der Hubraumzuwachs von 292 cm^3 resultierte aus einer größeren Zylinderbohrung und Änderungen an der Kurbelwelle, wodurch sich die Kolbenhub von 71 bei einer Bohrung von 94 mm ergab. Ventildeckel und Nockenwelle stammten vom kleineren Vierzylinder. Die 20 Mehr-PS machten sich im Fahrbetrieb sehr positiv bemerkbar. Der Zweiliter-914 war schnell, solide und vergleichsweise preiswert, er kostete 13 760 Mark und lag damit nur um 400 Mark über dem weiterhin angebotenen 914/1,7.

Rechts: Der Volkswagen Typ 181 aus dem Jahr 1968 wurde für die deutsche Bundeswehr produziert und hatte ein ähnliches Konzept wie der Kübelwagen in den vierziger Jahren.

New Beetle

Der Erfolg von Volkswagen in Amerika hatte seinen unaufhaltsamen Niedergang, als Ende der siebziger Jahre der Verkauf des Käfers eingestellt wurde. Die Illusion, dass die anfänglich freundliche Akzeptanz des Golf zu einem ähnlichen Phänomen führen würde wie beim Käfer, erwies sich als unbegründet. Für Generationen junger Amerikaner war der Käfer viel mehr als ein einfaches Industrieprodukt: es war eine Art Lifestyle, erzeugte ein Zusammengehörigkeitsgefühl untereinander und galt als ein Symbol, das zur Ikone einer bestimmten Lebenseinstellung wurde.
Der Golf war ein ausgesprochen gutes Auto, er hatte aber sonst nichts zu bieten, was ihn wirklich zu einem Symbol hätte machen können.
Mehr als zehn Jahre nach Produktionsende war der Käfer für viele jungen Leute ganz einfach eine Legende aus der Vergangenheit; wenige hatten zwar die Gelegenheit, einen zu fahren, aber er hatte für die jüngere Generation immer noch eine besondere Bedeutung, wie er für deren Eltern gehabt hatte.
Als Volkswagen 1991 in Simi Valley im Norden Kaliforniens ein futuristisches Design-Center eröffnete, war der Käfer die ewige Referenz für die Stilisten. Obwohl es keinen offiziellen Auftrag gab, die Ur-Form auf ein neues Auto zu übertragen, war seine permanente Anwesenheit jedoch so prägend, dass die kalifornischen Entwickler ein neues Käfer-Modell als Studie auf die Räder stellten und der deutschen Firmenleitung präsentierten. Berauscht von der Idee, den Käfer in modernem Styling wieder zum Leben zu erwecken, wurde der Designer J. Mays mit der Umsetzung beauftragt. Er sollte ein Showcar entwerfen. Neugierig beobachtete man diesen amerikanischen Designer, der auch für den Entwurf des Avus von Audi und den neuen Ford Thunderbird verantwortlich zeichnete.
Im Mai 1993 begann man mit den Arbeiten am neuen Beetle. Der Prototyp, der in Bezug auf den »Typ 1« aus den vierziger Jahren »Konzept 1« genannt wurde, wurde im Januar 1994 auf der International Auto Show in Detroit der Öffentlichkeit vorgestellt.
Zuerst hatte man an einen Heckmotor gedacht, aber schon bald änderte man die Auslegung für das neue Fahrzeug auf Golf-Plattform. Der wassergekühlte Frontmotor war sinnvoll wegen der Stückzahlen, vor allem auch wegen des Emissionsausstoßes – ein Thema, das in den USA und gerade in Kalifornien mit seinen weltweit schärfsten Abgasgesetzen besonders wichtig war.
Die Begeisterung, mit der die Designer aus Simi Valley gearbeitet hatten, war ebenso groß wie die der Fachpresse und der Öffentlichkeit.
Auf Grund der überaus positiven Resonanz bei der Präsentation, baute man in Rekordzeit einen zweiten Prototypen als Caprio-Version, der zwei Monate später auf dem Genfer Autosalon vorgestellt wurde. Das Interesse der Öffentlichkeit, mit dem die Werksleitung von Vokswagen konfrontiert wurde, war überwältigend: Journalisten, Händler, Kunden und Fans auf der ganzen Welt überhäuften den deutschen Hersteller mit Aufträgen, damit der Konzept 1 in

WOB CP 250

WOB V 158

39M 761

WOB NB 808

WOB DJ 170
WOB KC 10H

D
WOB AW 975

WOB SL 24

WOB AW 975

WOB SL 24

Serienproduktion gestartet werden konnte. Etwas später wurde im Oktober 1995 auf der Automobilausstellung in Tokio ein neuer Konzept 1 vorgestellt. Er hatte eine etwas andere Größe und Form, aber war dem endgültigen Wagen schon sehr ähnlich. Nach weiteren fünf Monaten war er praktisch fertig, und der »neue Beetle« trat im März 1996 beim Genfer Autosalon ins Licht der Öffentlichkeit. Obwohl es sich noch immer um einen Prototyp handelte, war dieser praktisch reif für die Serienproduktion. Zwei weitere Jahre mussten jedoch noch vergehen, bevor die Kunden einen Beetle kaufen konnten.

Mittlerweile waren die Fließbänder im Werk im mexikanischen Puebla, in dem noch immer der Käfer produziert wurde, für die Serienproduktion des »New Beetle« vorbereitet worden.

In der Geschichte von Volkswagen war dieser Umstand ein denkwürdiger Aspekt: Das neue Modell, das für Amerikaner und Europäer Lichtjahre von der ursprünglichen Version entfernt war, wurde tatsächlich gleichzeitig mit der alten Käfer-Version einige Jahre lang parallel in der gleichen Fabrik gebaut.

Im Januar 1998 wurde schließlich der neue Beetle bei der Detroit-Motor-Show der Öffentlichkeit präsentiert, ein paar Monate später war er bei allen Händlern in Nordamerika im Sortiment.

Das Auto basierte auf der Golf-Basis; es war lieferbar mit 1,6-Liter-Vergasermotor mit einer Leistung von 100 PS, einem 1,8-Liter-Turbo-Motor mit 150 PS und einem 1,9-Liter-Turbodiesel mit Direkteinspritzung und 105 PS. Im Laufe der Jahre kamen weitere Versionen dazu. So zum Beispiel eine preiswertere 1,4-Liter-Motor-Variante mit 75 PS und ein kraftvoller 1,8-Liter-Turbo mit 180 PS. Es gab auch einen Fünfzylinder mit 2.5-Liter-Dieselmotor und 150 PS.

Die ersten Absatzzahlen auf dem nordamerikanischen Markt überstiegen alle Erwartungen; im Werk in Puebla wurde mit Hochdruck gearbeitet. Deshalb musste man die Produkteinführung des Autos in anderen Ländern etwas verzögern.

Der neue Käfer kam erst im November 1998 nach Deutschland, andere europäische Länder mussten bis zum Frühjahr 1999 warten. Nirgends aber war die Begeisterung so groß wie in den USA.

Detroit war daher einmal mehr der Schauplatz einer weiteren wichtigen Präsentation: 2003 wurde dort die Cabriolet-Version vorgestellt und belebte noch einmal die Legende der berühmten Karmann-Cabriolets.

Am 30. Juli 2003 verließ der letzte »alte Käfer« das Montageband im Werk in Puebla. Der Neue, an dem 2006 einige Detailänderungen vorgenommen wurden, setzt auch heute noch die Legende des VW Käfer fort.

WOB DJ 170

WOB V 163

WOB V 158

Der Volkswagen New Beetle erschien 1998. Er erinnerte an die Form des früheren Käfers, kombiniert mit zeitgemäßem Komfort und Styling. Er wurde im Simi Valley-Design-Center in den USA entworfen und im mexikanischen Puebla gebaut, wo auch die letzten Käfer produziert wurden.

WOB VF 42

WOB VF 42

H LC 594

Ab 2003 gab es den New Beetle auch als Cabriolet, das noch mehr Erinnerungen an die Vergangenheit weckte. Im Gegensatz zur Limousine verkaufte sich das Cabrio in Deutschland ordentlich.

Rechte Seite:
Die Maße des New Beetle

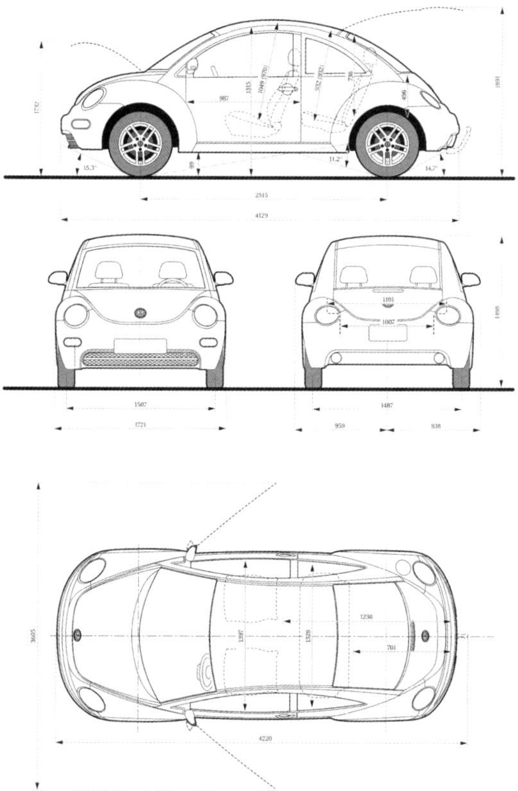

2515
4129
1507
1721
1487
959
938
4220

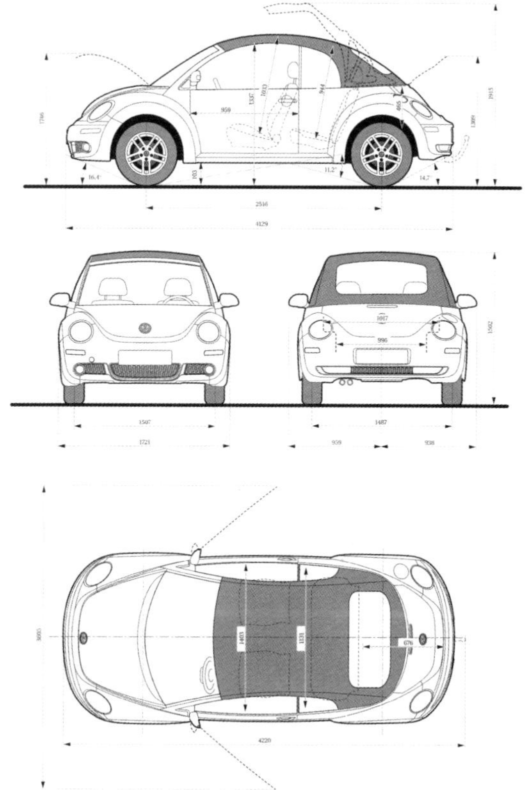

2516
4129
1507
1721
1487
959
938
4220

WOB V 163

Andere Länder – andere Namen

Bei Volkswagen hatte der Käfer immer nur eine Projektnummer, die sich in den verschiedenen Versionen unterschied. Weltweit bekannt wurde er jedoch durch seinen Spitznamen, der in den meisten Fällen die wörtliche Übersetzung von »Käfer« ist, wie auf deutsch und englisch oder »Marienkäfer« auf französisch, selten auch »Frosch« oder »Schildkröte«. Der Spitzname wurde von der amerikanischen Tageszeitung New York Times geprägt, die am 3. Juli 1938 einen Artikel 1938 in einem Artikel schrieb, »tausenden und abertausende dieser herrlichen kleinen Käfer werden bald die deutschen Autobahnen bevölkern…«. Das englische Wort »beetle« wurde ins Deutsche als »Käfer« übersetzt und dieser Name blieb die folgenden sechzig Jahre bestehen. Volkswagen jedoch übernahm ihn in seiner Werbung offiziell erst im Sommer 1967.

Australien: Beetle
Belgien: Coccinelle (Marienkäfer) oder
Kever (Käfer auf flämisch)
Bolivien: Peta (Schildkröte)
Brasilien: Fusca
Bulgarien: Kostenurka (Schildkröte)
Kanada: Weevil (Rüsselkäfer)
Kroatien: Buba (Marienkäfer)
Tschechische Republik: Brouk (Käfer)
Dänemark: Boblen (Ballon)
Dominikanische Republik: Cepillo (Bürste)
Ecuador: Escarabajo (Käfer)
Ägypten: Khon-fesa (Käfer)
Estland: Põrnikas (Käfer)
Finnland: Kuplavolkkari (ballonförimiges Auto)
Frankreich: Coccinelle (Marienkäfer)
Deutschland: Käfer

Japan: Kabutomushi (Käfer)
Griechenland: Scathari (Käfer)
Guatemala: Cucaracha (Schabe)
Haiti: Coccinelle (Marienkäfer)
Honduras: Cucarachita (kleine Schabe)
Ungarn: Bogár (Wanze)
Island: Bjalla (Käfer)
Indonesien: Kodok (Frosch)
Irak: Agroga (Frosch)
Israel: Hipushit (Marienkäfer)
Italien: Maggiolino (Käfer)
Kenia: Kifuu (Schildkröte)
Litauen: Vabalas (Marienkäfer)
Mexiko: El Sedan, Vocho oder Pulguita (kleiner Floh)
Namibia: Scoro-Scoro
Niederlande: Kever (Käfer)
Norwegen: Boble (Ballon)
Philippinen: Kotseng Kuba (Buckelauto) oder Pagong (Schildkröte)
Polen: Garbus (Buckliger)
Portugal: Carocha (Marienkäfer)
Puerto Rico: Volky
Rumänien: Broasca (Frosch) oder Buburuza (Marienkäfer)
Serbien: Buba (Marienkäfer)
Slowenien: Hrosc (Käfer)
Spanien: Escarabajo (Käfer)
Sri Lanka: Beetle
Südafrika: Volla (Käfer)
Schweden: Bagge (Käfer) oder Bubbla (Ballon)
Tansania: Chura (Frosch) oder Kobe (Schildkröte)
Thailand: Rod Tao (Schildkrötenauto)
Türkei: Tosbag (Schildkröte)
Großbritannien: Käfer
USA: Bug (Wanze)
Venezuela: Escarabajo (Käfer)
Vietnam: Con-bo
Zimbabwe: Bhamba datya (Frosch)

0
20
40
60
80
100
120
94357
VDO
km

80
100
TREB